東海道新幹線路盤工

◆あれから50年◆

大島忠剛著

信山社

はしがき

この書はわが国の高度成長期の真っ只中にあった昭和三〇年代後半に、あるゼネコンの工事現場に勤めていたサラリーマンの約四年間の思い出話を綴ったものである。工事現場は東海道新幹線の浜松と豊橋間のうちの約一五キロメートルの盛土工事区間である。私は昭和三五年春入社し、約半年名古屋近郊で土地区画整理事業の工事現場に従事し、その年の秋にこの大プロジェクトの現場に配属になった。

この時代のわが国の公共事業をみると、奥只見、田子倉そして黒部などの大きなダムが完成している。また、道路関連では北陸トンネル、若戸大橋、首都高速道路（京橋～芝浦）、名神高速道路（尼崎～栗東）、そして鉄道では昭和三九年一〇月に東海道新幹線が開通している。まさに高度経済成長を彷彿とさせる時代であった。

新幹線の軌間（レールの内側の幅）が既存と異なること、東京オリンピックの開催時期とのスケジュール調整など技術的、社会的な課題などは多々あったろうが、それらについては建設主体である国鉄の各幹線工事局が発刊している工事誌などを参照されたい。

最近は鉄道ファンが増えているらしい。さいたま市にある鉄道博物館には年間九〇万人もの入場者があるそうだ。鉄道の開通だ、延伸だ、ラストランだ、引退だなど、そのたびに多くの鉄道ファンがカメラを抱えて押し寄せてくる。

女性ファンも急増しているそうだ。子供のお相手から、はまってしまう人が多いとか。だから「ママ鉄」と言うそうだ。これに対し、子供の方は「子鉄」である。鉄道ブームが世代を繋ぐという面ではうれしいことである。独身女性にもファンが多いらしく、どういうわけか「ソロ鉄」と言うそうだ。分類するのもだんだん複雑になってきている。

「撮《と》り鉄」は、昔から多い写真撮影マンである。本線やローカル線を撮ったり、ニュース、トピックスなど、報道カメラマン的なところもある。

「乗り鉄」は、車両乗車が主目的と思われる。記念切符のコレクションや乗り潰し（完全乗車）、一筆書き乗車、最長片道切符などのアレンジもこの部類だろうか。

「模型鉄」というのもある。精巧なミニチュアの模型、いわゆるジオラマの製作に情熱を傾けている。加山雄三も相当なコレクターみたいだ。ゲージマイスターともいうらしい。

さらには、時刻表マニアやスタンプマニアもいる。

また、駅弁やお茶の瀬戸物容器、鉄道車両の部品のコレクションをやっている人もいる。

「音鉄」というのは読んで字の如しで、汽笛や、車輪の音、駅のホームのアナウンス、駅弁売りの声などの収録と思われる。

その他「ババ鉄」（ママのママか）、「ちず鉄」（鉄道地図帖など）、「ゆる鉄」（鉄道写真家中井精也氏?）、「葬式鉄」（引退、ラストラン）、「守《も》り鉄《てつ》」（保線）というのもある。

鉄道に関するテレビ番組が多いのも人気のバロメーターの一つである。ざーっと見ても、系列各局は必ずといってもよいほどにゴールデンタイムには、鉄道による旅、紀行や都市の紹介、世界遺産、車窓番組などを放映している。

そういえば、鉄道マニアのタモリ（森田一義）の番組で、駅の分岐器の話題のとき、「分岐鉄」の話があった。細分化されると際限がないようだ。

本書はどんな人たちを対象にまとめようかと悩んだが、ノンフィクションの散文である。

だから「読み鉄」を開拓するしかない。ひまつぶし（おっと失礼）に笑って読んでいただければ光学である。

では、五〇年前にタイムスリップ！

平成二四年六月吉日

川崎市にて　著者

目　次

はしがき

I　二川《にがわ》事務所

1　乗り込み……3
2　受注工事概要……8
3　着工準備……13
4　用地の確保……16
5　国土開発村の事務所開設……18
6　日常生活あれこれ……23
(1) 衣 25　(2) 食 26　(3) 住 27　(4) 遊 28
7　土質試験室……31
8　娯楽室……34

目次

【閑話休題(1)　十三龍門の確率】……38
9　ギター独習……42
10　Sさんとの将棋……45
11　洋服屋さんとの将棋……47
12　烏《からす》の子の災難……50
13　まむしの災難……52
14　いくらさん……54
15　工務課長の運転免許証取得の障碍《しょうがい》……58
16　バイク初乗り法面《のりめん》で転倒……こりごり……60
17　真夏の昼の夢……62
18　小沢さんの不慮の死……64
19　ある夕暮れ時……67
20　ある夜の出来事……69
21　東海劇場ご参拝……71
22　お茶漬けの店……74

目　次

23　風呂場にて……79
24　じゃんけんの真剣勝負……82
【閑話休題(2)　じゃんけんと確率計算】……84
25　不可思議な給料持ち逃げ事件……87
26　あるコンクリート橋梁工事の顚末……89
(1)　橋梁の概要　89　(2)　Nさんの苦悩　91　(3)　大騒動　94
(4)　対応策の検討　97　(5)　後遺症　98
27　盲腸でダウン……100
28　電柱基礎管の布設……104
29　幼なじみの友情亀裂……111
30　杉山茂さんとの縁……114
31　所内旅行……119
32　死亡事故……124
33　所員短評……128
34　法面保護の実地試験……131

35　ダンプのスラローム …… 134
36　全員集合 …… 136
37　会計検査 …… 139
38　幹線局からのご視察 …… 141

Ⅱ　湖西《こさい》出張所

39　冗談もほどほどに …… 145
40　オペレーターとの交流 …… 149
41　S運転手の目撃談 …… 153
42　島田さんのパラオ体験談 …… 156
43　阿部ちゃんの事故死 …… 159
44　マイ自転車 …… 162
【閑話休題(3)　球体の隙間】 …… 164
【閑話休題(4)　缶詰の缶の材料と容量】 …… 166
45　社内麻雀の衰退理由 …… 168

46　住吉跨線橋《すみよしこせんきょう》……171
(1) 橋の概要 171　(2) 架設工法 172　(3) 請負工事指揮者試験 174
(4) 事　故 175　(5) 銘　板 176
47　所員短評……180
【閑話休題(5)　そろばんのくだらない遊び】……182
48　トロッコ乗りのお誘い……183

Ⅲ　千秋《ちあき》作業所

49　名神高速道路工事現場に転勤……189
50　石山寺詣でとおみくじ……195
51　チンピラの空振り訪問……199
52　Bの血判書……202
53　財布の点検騒ぎ……206
54　白いおばさんの飛び入り……208
55　外部電話開通のぬか喜び……210

目　次

56　東海道新幹線試乗招待状……213
57　お父が事故に遭遇……218
58　雄琴《おごと》温泉所内旅行……221
59　社長・支店長のご来所……225
あとがき（229）
参考文献（239）

I

二川《にがわ》出張所

1　乗り込み

仕事を受注した建設業者が、その仕事を遂行するために、工事現場に近接してひとつのコミニュテイーを形成する。これを乗り込みという。いわゆる飯場である。

〝乗り込み〟にしても〝飯場〟にしてもどういうわけか、あまり上品な言葉には聞こえない。なぜなのだろう。動詞にして〝乗り込む〟となれば、なんとなく招かざる客がよその領域にずかずかと土足で入る感じである。

〝乗り入れ〟だと少しは対価を払うとか共同で利用するなどのニュアンスがあるような気がする。〝乗っ取り〟となると物騒である。海賊やテロリストみたいに船や飛行機もろともに奪いさる感じである。乗り物に限らず会社の〝乗っ取り〟もある。パソコンのハッカーやメールの侵入者も乗っ取りというらしい。

〝乗り〟ばかりではない。〝込み〟の方にもなんとなくマイナスのイメージがありそうだ。暴力にうったえる殴り込み、入学試験の滑り込み、デモなどの座り込みなどいっぱいある。

〝入り込む〟を辞書でみると、無理にはいりこむ、おしわけて入る、もぐりこむ、潜入する、

写真１-①　かつての大島旅館「福聚亭」昭和 58 年 8 月撮影

とある。名詞の〝入り込み〟には混浴の意味もある。

このように書くと、もっとほかに良い言葉がないのかと言われそうだが、ほかに相応しい言葉も見つからないので、やはり〝乗り込み〟がもっとも言い得ているようだ。〝乗りかかる〟はものごとをし始めるという意味らしい。〝乗りかかった船〟という表現もある。

地元の住民には、人がたくさん集まるから金がたくさん落ちて、町は賑わい活性化して裕福になれると期待する人がいる一方で、土方の荒くれどもが大挙押し寄せてきて風紀・治安が乱れる、と憂慮している人たちもいたとか。

それはそれとして、本格的な乗り込みが始まった。突撃隊が相手の陣地の一角を占領した

図１－②　安藤広重画　東海道五十三次の内　二川

ような感じだろうか。

私は昭和三五年一〇月一八日、前任地の愛知県丹羽郡鳴海町（現　名古屋市緑区）の土地区画整理事業の作業所から丸腰で転勤してきた。

先に乗り込んできていた社員たちに合流した。愛知県豊橋市大岩町の確か大島旅館というところだった（確か自分の名前と同じだったという記憶があるが、昭和五八年八月に同所を訪れた時は「福聚亭」という看板になっていた（写真１－①））。旅館を一軒借り上げていた。

裏山を登ると頂上に岩屋観音がある。ちょうど、散歩にも、運動にも適当な施設である。

頂上からは眼下に東海道線、国道一号線などを一望することができる。旧東海道もほぼ併行している。二川宿《にがわじゅく》は東海道五十三次の第三三番目の宿

写真１-③　「失われた日本の風景」薗部澄
昭和30年9月撮影

写真１-④　現今の二川の街並み　平成15年12月撮影

場町である（図1－②）。当時の街並みも今に残っている（写真1－③・写真1－④）。

旅館の料理はというと、ぼらの水揚げの時期だったらしく「毎日ぼらのさしみで、まいっちゃったよなあ」という思い出話をする人もいたが、私は当時の記憶が薄い。

木造二階建てで主に二階の畳部屋で仕事をするのだが、仕事のための書類ばかりでなく個人の荷物も引越しさながらに散らばり、足の踏み場もないぐらいである。立錐の余地もないとはこういう状況を言うのだろうか。

食事と風呂は一階であるが、なかなか順番が回ってこない。

宿舎ができるまで、二カ月ぐらいはここに缶詰（住居と食事の二重の意味）だったのかなあ。

2　受注工事概要

次は『日本国土開発株式会社二〇年史』から、当工事に関する部分の抜粋である。

東海道新幹線の計画が発表されたのは、昭和三三年のことであった。工事はオリンピックを目標にあらゆる困難を排除して進められ、三九年一〇月、営業を開始するにいたった。

当社はこの東海道新幹線工事に、三五年九月、二川地区（愛知県）路盤工事に参加、つづいて三六年一一月に湖西地区（静岡県）路盤工事、三七年四月に神奈川地区路盤工事を手がけた。

二川地区は全路線のうち先行していたトンネル工区と試験工区を除く新幹線最初の明り工事であった。愛知県東端の県境から豊橋市にいたる九・四キロ。これに接している湖西地区は、浜名湖を渡りきったところから始まって大きな丘と広い谷あいが連続する六・七キロ。

この両工区は、東海道新幹線のなかで盛土の上を走る部分では最長の区間である。二川地区で七五万立方メートル、湖西地区で五六万立方メートルの盛土を行っている。高架橋の上を走るのとは違って、盛土の場合には路体の強度が最大のポイントとなる。急速盛土による路体が時速二五〇キロの列車運行に耐えうるかどうか、とくに二川地区の粘性質の土が路体として適格かどうか、その場合の施工をいかにするか、数々の問題があったが、これらの課題に対し国鉄当局とともに取り組んで解決していった。（以下略）

2　受注工事概要

上述のように工事の大部分が盛土、切土、法面工などの土工事である。したがって工事の規模は確かに大きいが、工事内容としてはほとんどがショベル（掘削・積み込み）、ダンプトラック（運搬・土捨て）、ブルドーザー（敷き均《なら》し）とローラー（転圧・締め固め）という、ごく単純な土木機械の組み合わせ工事である（写真2－①・写真2－②）。

それと工区延長九・四キロ内に五七カ所の橋梁があるが、スパンも幅員もほとんど変わらないため、いくつかの似たようなタイプに分類される。大部分のカルバートボックスも含まれている。

当初の落札額というか、契約金額は約五億三〇〇〇万円であった。設計変更・追加工事

写真２-①　路盤工　ブルドーザーによる敷均しとシープスフットローラーによる転圧状況

写真２-②　タイヤローラーによる転圧。右奥はキャリオールスクレイパー

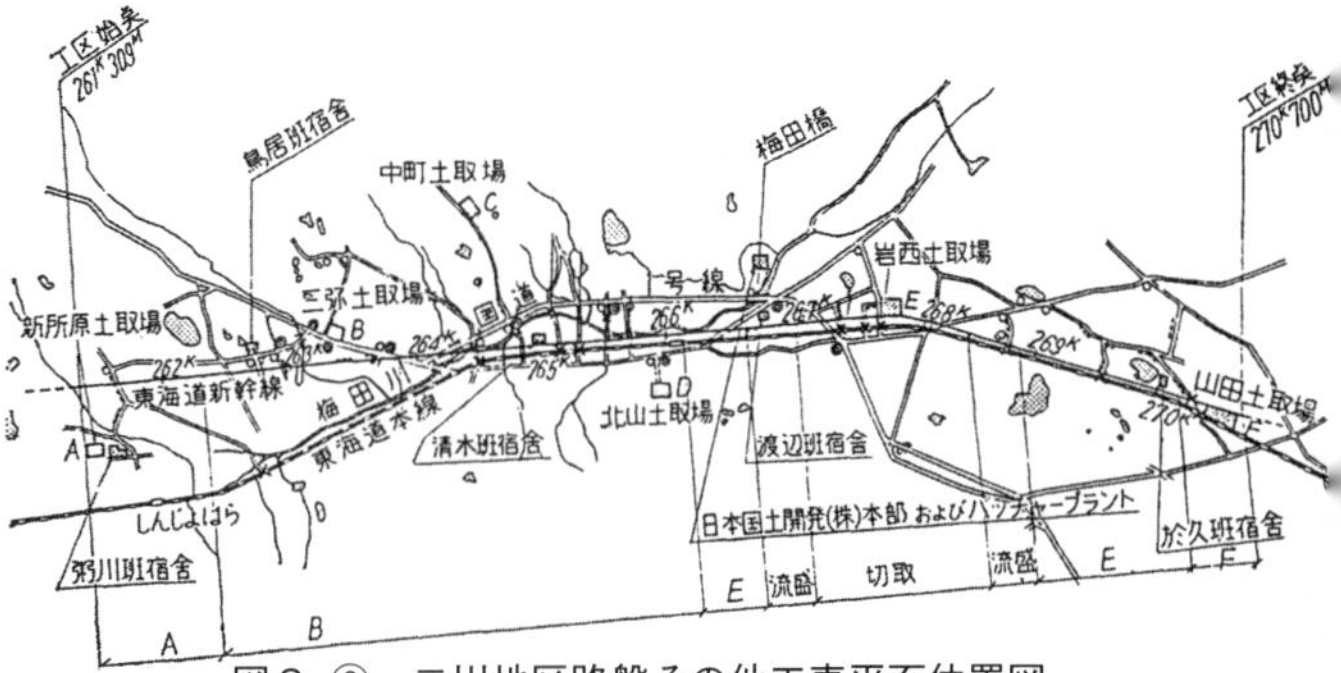

図２-③　二川地区路盤その他工事平面位置図

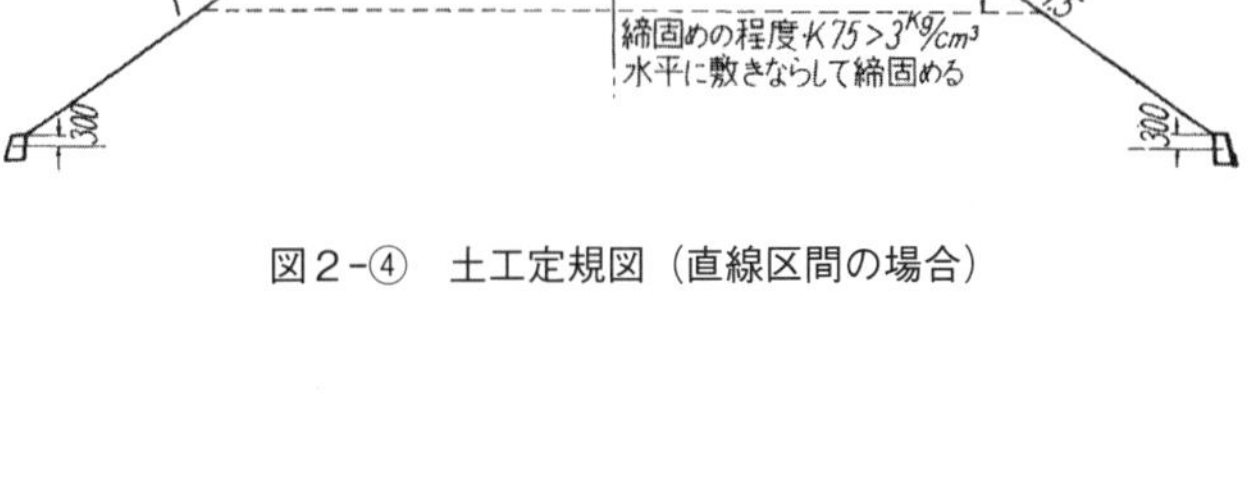

図２-④　土工定規図（直線区間の場合）

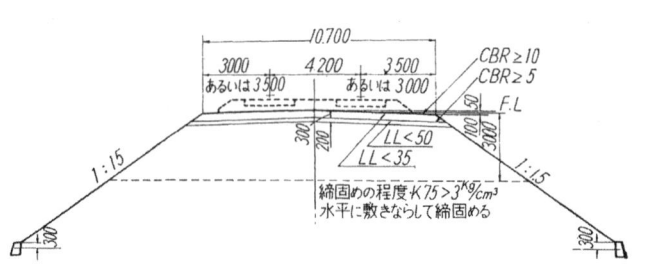

や付帯工事などで金額が相当に増えたものと思われるが、最終的にはどのくらいだったのだろうか。新幹線全体では当初予算一七八〇億円が四〇〇〇億円に膨らんだという数値からある程度想像できよう。

　土工定規は（図2－③・2－④）のごとくである。線路の方向に直角に切断した場合の断面図である。

当工区の大部分は既存の東海道線に併行しており殆どが直線区間である。

　施工基面の幅員は一〇・七メートル、盛土厚さは平均で約六メートルなので法《のり》の下幅は約三〇メートル程度になる。法面勾配は盛土部分で1：1.5（一割五分）、切土部分で1：1.0（一割）である。

　図示のCBR，LL，K75などについては、土質試験の専門用語であるが、関係ない人には役に立たないのでここでの説明は省略する。

3　着工準備

現場事務所も、乗り込み当初は忙しかった。旅館を借り切って事務所代わりにしているので、一刻も早く土地の手当てをして、仮設建物を発注しなくてはならない。工事の実施計画や実行予算もたてなくてはならない。今日はここまで一段落だという区切りがないから毎晩遅い。皆よく働いていた。私などはまだ仕事をよく知らない新米社員なので、ただうろうろしているうちに一日が過ぎる。

「大島くん、バッチャープラントのピットの設計をやってくれ。」「はあ?、鉢植えの穴の設計ですか?」てな具合で、全くチンプンカンプンである。

「コンクリートのトンネルみたいなもんだから、応力計算ならお手のものだろう。」といわれて、初めて設計という実務を経験したものであった。バッチャープラントとは、いわば生コンクリートの製造工場である。鉄筋が足りなくて壊れたらどうしよう、逆に鉄筋が多すぎると言われないだろうかなど、いろいろ気をもんだものである。珍しくも私が設計したそのピットの施工中の写真が残されていた（写真3－①）。

写真3-①　バッチャープラント（生コンクリート製造工場）の鉄筋組み立てとコンクリート打設中。ミキサーが見える。右遠方の山は大岩山

当時は生コン業者が少なかったこともあるのかも知れないが、セメントは国鉄からの支給品であり、ゼネコンは砂利や砂を業者から買って自らコンクリートを練っていたのである。あるいは発注者である国鉄がセメントの使用量をチェックすることによって、コンクリートの品質管理の徹底を図っていたとも思われる。

仮設建物の設計は渋谷さんがやっていた。当時は皆職員が自前で何でもかんでもやっていたのである。「渋谷さんは建築屋さんですか?」「いや。」「元大工さんですか?」「いや、土木屋ですよ。」

仮設建物の棟としては事務所、車庫、倉庫、宿舎二棟、実験室、食堂、風呂場（洗濯場）、便所、娯楽室など結構多種多彩であった。敷地は川の堤防沿いの安い土地を買い求めた。川の脇を選んだのはコンクリートを練るための水の補給源としての役割もあったらしい。そして後の

土地ブームで相当に値上がりしたらしく、工事ではたいして儲からなかったが、その代わりに土地ではすごく儲かったらしい、といううわさである。この土地による儲けが災いしたか、さらにその後のバブル崩壊でえらいめに合ってしまったのであるから（当時の新聞や週刊誌によれば、当社はゴルフ場の造成、建設その他が原因で平成一〇年一二月に会社更生法の適用を申請したとある。ここではその追及がテーマではないので詳細は略す）、世の中はどこでどうなるか分からないものである。

4　用地の確保

事務所を開くには、土地を買うなり借りるなりして事務所を建てる方法もあるし、手ごろな貸事務所があれば借りるという方法もある。事務所の規模、職員数、期間、金額、物件の有無や契約条件、その他もろもろの条件を考慮して総合的に判断されるのではないかと思われる。このような判断は偉い人や経験の深い人が集まっていろいろ協議を重ねて結論を出してくれる。何も分からない新入社員の出る幕ではない。

かといって、足の踏み場もないようなところで、これからの仕事の足しになるようなことといっても何をしていいのかが思い浮かばない。

「おい大島君、今何してる?」「は、はい。今いろいろともたもたしています。」「もたもたしてる暇があったらそのへんでも片付けろ。」「は、はいっ、棄てるんですか?」

「冗談じゃない。重要書類ばかりだ。棄ててよいものなどない」あーあどう片付けろというのか。

土地を物色していた水足事務課長が杉谷所長と一緒に東京本社に出張した。佐渡社長、石上専務に状況報告と重要な決断を仰ぎに行ったらしい。仮事務所である旅館に帰るやいなや水足課長は「土地を買うことに決まったぞう。」と事務所内いや借上げ旅館内は大騒ぎだ。事務所、職員宿舎、コンクリートのバッチャープラントなどの建設用地として約一〇〇〇坪の土地を購入することになった。

その時節は富有柿の柿畑で収穫が近づいていたらしい。それとここいらへんは沢庵の名産地らしい。地主（白井さんという人だったそうだ）の方から「貸すよりは買ってくれた方がありがたい。柿は移植ができないので収穫の補償をしてくれればいい。」とかいうことで、わりとスムースにまとまったらしい。それにしても収穫近い柿の行方はどうなったのか。腹いっぱい食ったなーという記憶がない。

土地代は坪一六〇〇円（ケタ違いではない）だったとか。まだ、土地ブームや土地の高騰とか一億総不動産屋などという言葉はない頃であった。

「社長はね、先見の明があったんだね。経歴（元・三井住友銀行）もあったけど。」と某氏はいう。土取場、配下（下請け）の飯場用地はどうしていたのか小生の知るところではないが、新幹線は工事の方ではたいして儲からなかったが、その代わり用地では五倍にも増して儲けたといううわさも、あながちうそでもないようだ。

5　国土開発村の事務所開設

渋谷さんが地図みたいなのを広げて考え込んでいる。

「ジグソーパズルですか。」「とんでもない。建物の配置を考えているんだ。」「これまた失礼しました。」

建物としては事務所、車庫、倉庫、土質試験室、職員宿舎、食堂・台所、共同浴場、娯楽室、共同便所、土運搬下請け宿舎とバッチャープラントである。

バッチャープラントというのは、生コンクリートの製造工場のことである。セメントは国鉄からの支給材を使う契約になっている。したがって、セメントの使用量や使用計画を把握することによってコンクリート構造物工事の進捗を管理することができる。

ここでちょっと土木、建築の分野になじみのない方々のために、コンクリートについて簡単に概要を述べておこう。コンクリートと言えば、一般にはセメントコンクリートである。それ以外に何があるかと聞かれても私もよく知らない。ひとつだけ、アスファルトコンクリートがある。一般道路や歩道舗装や船のコーティングなど、防水や皮膜材として使われているが、単にアスファルトとかアスコンなどと略していうことが多い。

セメントにいろいろ混ぜて使用する。昔は漢字いや日本字で〝混凝土〟と書いた時代もあったらしい。うまい当て字である。

セメントは粘土を含む石灰石や石膏を焼成し粉末にしたものである。成分などにより、いろいろあるが、最も普通なのは文字通り普通ポルトランドセメントである。

セメントに水を加えて混ぜたものはセメントペーストである。粒子が細かい（水密性という）のでコンクリート構造物などの隙間を埋めたり、化粧（美容ではない）をしたりする。

これに砂を加えたものをモルタルという。モルタルもセメントペーストや漆喰と同様に充塡材や壁面の塗装などに使われる。これに、さらに細骨材や粗骨材として砂利などを混ぜて練ったものがコンクリートである。骨材はセメントの量を倹約することができ経済的である。コンクリートは練ったあと一時間後ぐらいから硬化が始まる。したがってこの間に打設工事を完了しなければならない。打設作業のし易さをワーカビリチーというがそのためにポゾリスなどの各種ＡＥ材が混合される。

コンクリートは圧縮力には強いが、引っ張り力に対しては弱いので、構造計算上は引っ張り抵抗力は安全をみて無視する。これを補うためにコンクリートのなかに鉄筋が入れら

写真 5-①　バッチャープラントのピット（坑道）のコンクリート打設工事状況。右手前が高田さん

れる。これが鉄筋コンクリートといわれるものである。工場製品にはピアノ線などを用いたプレストレストコンクリートや、密にして強度を増すために遠心力鉄筋コンクリートなどが製作される。コンクリート電柱などに用いられている。下水管で用いられている遠心力鉄筋コンクリート管は、ヒューム管ともよばれるが、これを開発したオーストラリアのヒューム兄弟の名からきている。

したがって、プラントの敷地内には粗骨材、細骨材の貯留施設やコンベヤーで運搬のためのピットなどが設けられる。コンクリート管理者は高田さんというひとで社交ダンスが得意というわさであった。ワルツの全国大会で入賞したことがあるそうだが、コンクリートとはどう

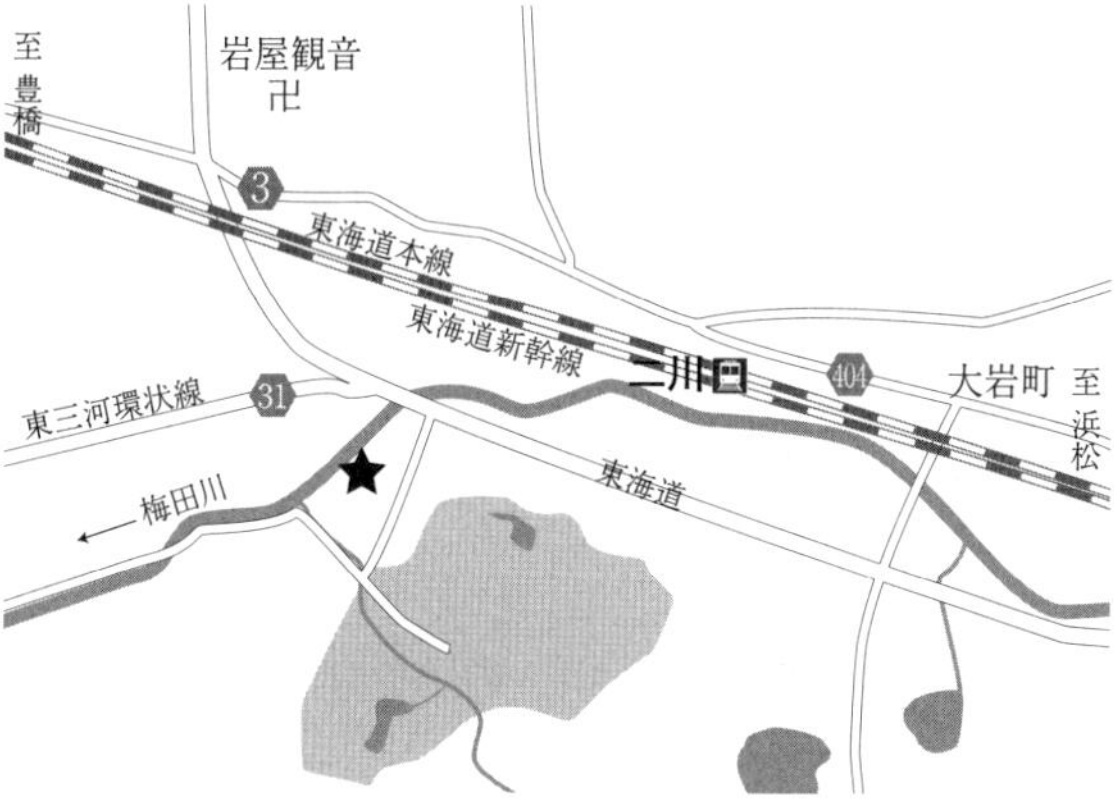

図5-②　国土村事務所の位置図（★印）。豊橋市大岩町東田31番地

してもイメージを調和させることができなかった（写真5-①）。

タイトルに国土開発村と書いたが、特にそう呼ばれていたわけではない。ここではもっと簡単に国土村としよう。

国土村の鉄道の最寄り駅は東海道線の二川駅である。道路でのアプローチは国道一号線が梅田川という川と交差するところに梅田橋というのがある。この梅田川の左岸堤防を南に二〇〇メートルぐらいのところに買収した用地がある。したがって、堤防を嵩《かさ》上げして取り付け道路を整備し、土を運び入れて敷地を造成した。

国土村は愛知県豊橋市大岩町東田三一番地に事務所を開設した（図5-②・図5-③）。

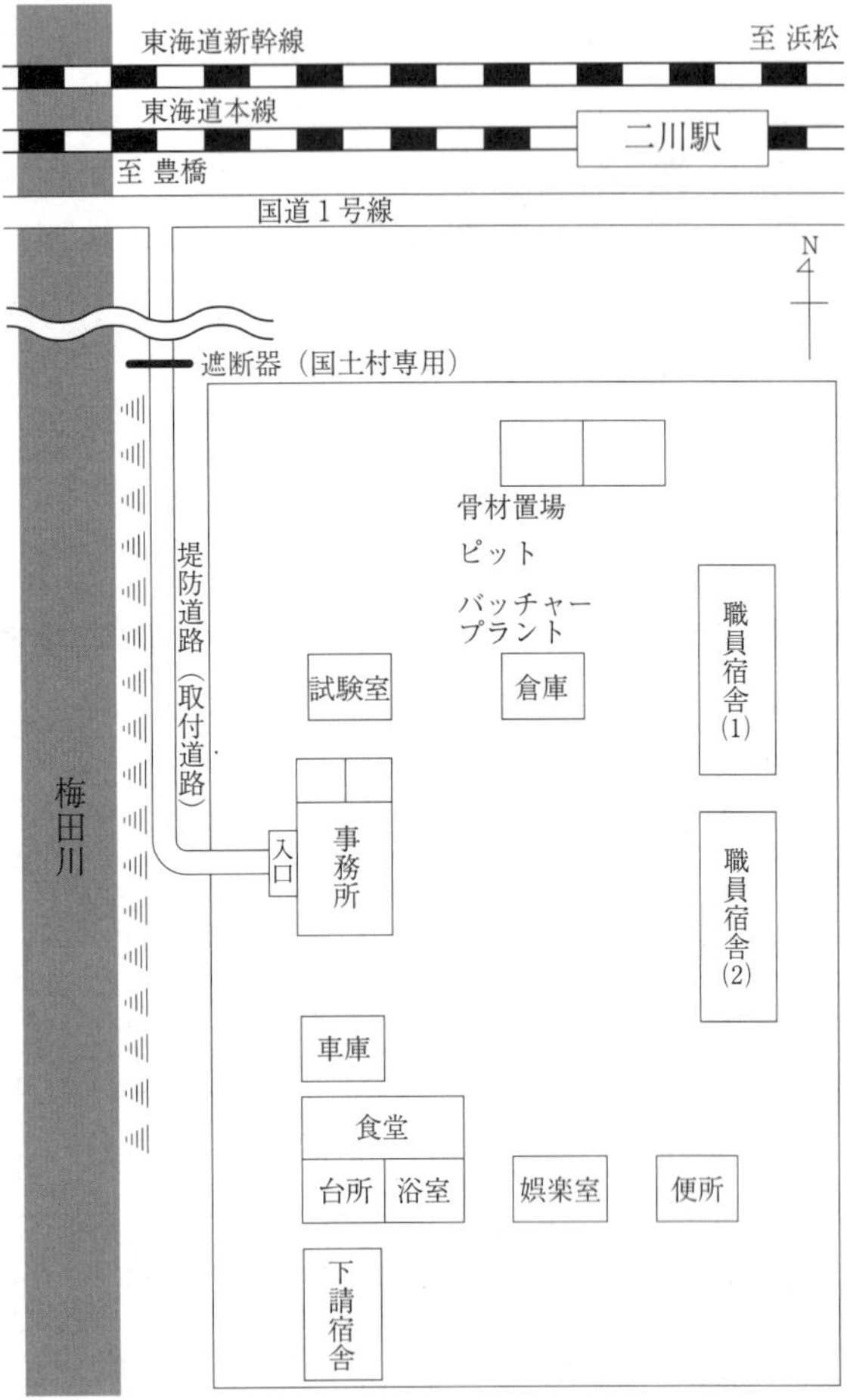

図 5-③　国土村　仮設建物配置図

6　日常生活あれこれ

先ずは国土開発村の日常生活を紹介しよう。いわずと知れた職住接近といえば格好よいが、いわば二四時間勤務みたいなものである。事実、初めて休暇というものをおしいただいたのが大晦日の一二月三一日であった。四月中の東京本社での新入社員教育以降現場に配属になり、まずは名古屋支店の鳴海（現在、名古屋市緑区）というところの組合施行の土地区画整理事業の工事現場であった。

土曜、日曜、祭日など全く関係なしの、まさに子供の頃に聴いた軍歌にもある「月月火水木金金」である。鳴海にいた時は土日が近づくと当時の所長はあれをやれ、これも早くやっとけとか言ってたまには休めなどとは絶対に言わない。それで半年間を過ごした。朝早くから夜遅くまで働くのはそれほど苦痛には感じなかったが、この自由時間が全くないのにはまいった。永くは続かないだろうと思った。

あるとき、珍しく私のところに手紙が来た。同僚、というよりは先輩のHさんが届けてくれた。見慣れない封筒であった。差出人は労働基準監督署とある。早速中味を見る。何がなんだかよく分からない。誓約書みたいな文書がある。それに見たことのないようなわたしの署名と三文判のはんこが押してあった。何度も読み返した結果、文書の内容は〝私が土曜、日曜にも働くのは降雨によって仕事ができない日があり、その埋め合わせのために休日勤務するもので、異存はありません。〟というような主旨のものであった。

「Hさん、これは何ですかね。」

「それは、書いてある通りだよ。俺のも同じように本人の知らない書類があるんだろうな。」

このようなことが業界内で一般に行われていたのかどうかについては私は知らない。

残業手当は職員は月七〇時間で打ち切りなので、あとは無駄働きみたいなものだ。これがオペレーターとなると残業手当は無制限、しかも休日出勤の割り増し手当てなどがつく。だから所長、すなわち会社側は残業労務費が無料の職員を使った方が自分の実績にもなるというわけだ。

たとえば、木杭材を節約するために近くの銭湯に行って風呂に入るのなら分かるが、湯を沸かす燃料用廃材のなかから杭になりそうな木切れを選び、ジープにいっぱい載せられるだけ載せて五〇〇円で買ってくる。

そして夜遅くと朝まだ早いうちに、のこぎりと鉈《なた》を使って杭《くい》を作るのである。これを昼間にやっていると大変である。夜遅くか、朝早くかにやらねばならない。杭作りも廃材は楽な方で時には工事地区内にある松ノ木を切って作ることもある。垂れ流し便所の溝掘りなどの雑用も新入社員の仕事である。

会社と労働基準監督署は裏でつるんでいるんじゃないかと疑ぐりたくもなったものだ。

そのうちに当社は東海道新幹線の工事を落札し、小生は愛知県豊橋市の本社直轄の二川出張所に転勤することになった。そのときは現状脱却にほっとしたものである。

赴任して、旅館暮らしからいよいよ自前の仮設の事務所や宿舎などができ、工事施工も軌道に乗り始めた。ここで当時の飯場生活の一端を紹介しよう。

(1)　衣

衣服は制服が年に二着支給される。国防色の作業服だ。国を守る色といってもピンとはこないが、なつかしい言葉だ。ようするに陸軍の軍服の色でカーキ色とも言うらしい。帽子は鉄兜《てつかぶと》と言うのではさすがに古い言葉のようで、保安帽という。これも支給である。一般職員は鍔《つば》のところに緑色の線が一本入る。課長、工区長クラスは二本、所長のみ三本である。会社お抱えの下請け班は赤色で、職長は二本、工長と世話役は一本、その他の一般の労務者の保安帽は線なしである。地下足袋や長靴や軍手などは買った覚えがないので材料費や消耗品などになっていたのだろうか。

靴下や下着やクリーニング代などは自分持ちだったようだ。

洗濯は近所に住むおばさんが洗濯専門で働きにきていた。たくさんあるから大変である。衣類の目立たないところに当時普及し始めていたマジックインクで名前を書き入れる。おばさんもいちいち覚える苦労が省ける。一着二〇円ぐらいだった気がする。

昼は泥だらけの作業服に地下足袋の土方スタイルでも、夜になるとピチット決めて豊橋や浜松へ出かけるものも多い。もちろん私服は自分持ちだ。別に紹介するように、昔からなじみの仕立て屋が回ってくることもある。小生のようにあまりファッションに興味がないものには衣服費は殆ど使わなかった。

(2) 食

食事は三食付き、昼寝なしである。蜂須賀さんという板前さんがいて、食費、食事のメニューなどを取り仕切っていた。いまどきのバイキングとはいかないが、食べ放題だから

写真６-①　二川出張所・宿舎にてささやかな祝杯

体力を使う仕事と食べ盛りの若い連中が多いので食事時は超満員の大繁盛である。

まあ、いつもご馳走というわけにはいかないかもしれないが、空腹で眠れないというようなことはない。仕事の節目のときや記念の日にはお酒やビールがふるまわれた。

(3)　住

開発村の職員の大部分は独身者である。現今の状況と違って若い人が多かった。団塊の世代も押し寄せていた。また、もちろん妻帯者や家族持ちのひともいる。大部分は仕事が軌道に乗って順調に動き出すまでは単身赴任の人が多い。そのようなわけで家族連れの社宅は二川の町で物色された。精々五戸ぐらいだったようだ。月五〜

六〇〇〇円ぐらいのようだった。

大部分は開発村の敷地内に建てられた木造平屋建ての職員宿舎が与えられた。管理職は個室、われわれ平の兵隊さんは六畳に二、三人の相部屋だった（写真6－①）。

ふとん、枕は貸与だった。冷暖房は未だ普及していなかった。寒い時は厚着をするか、電気あんかを買ったこともあるようだ。

風呂は毎日たかれていた。浴槽はヒノキ製で一度に一〇人ぐらいは入ることが出来た。まあ、温泉とまではいかないが風呂としては贅沢なほうであった。

(4) 遊

管子に「衣食足りて礼節（栄辱）を知る」という諺があるらしい。生活のために是非とも必要とする条件ということであろうか。誰かは知らないが、後の人がこれでは不足であるとして「住」を加えたのではないだろうか。求職者募集の宣伝文句に「衣食住完備」というのが見受けられる。でも、これでも完全ではない。何かが抜けているような気がする。

ということで、探したり、考えたりした。これも誰かが考え出したものだろう。それは「遊」である。読んで字の如く趣味、嗜好、グルメ、酒、遊戯、観劇、芸能、スポーツ、……な

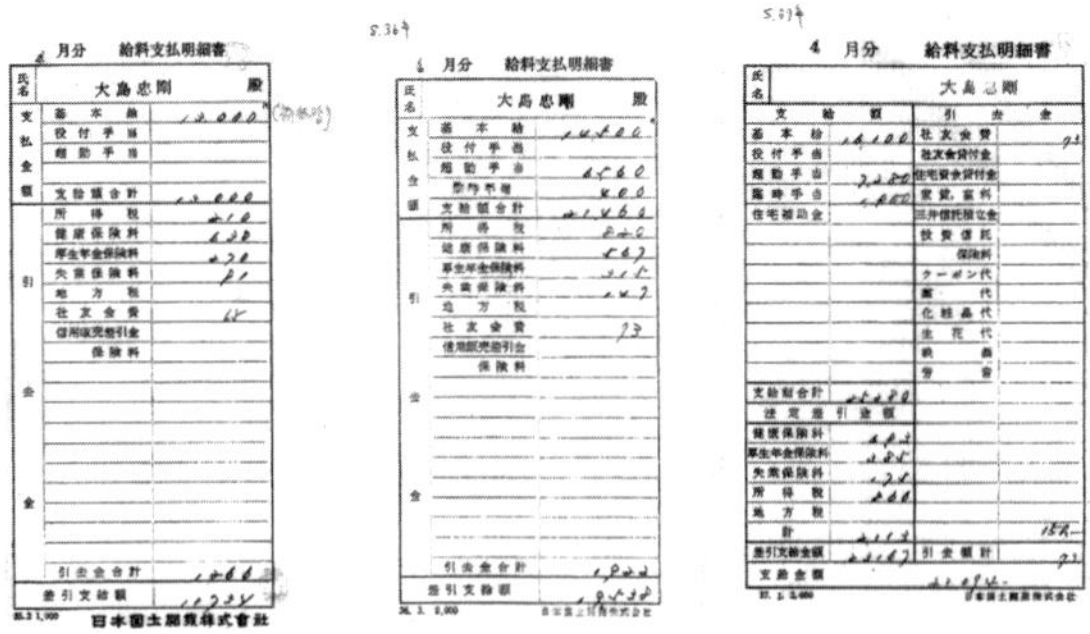

写真６-②　昭和 35,36,37 年４月の給与袋。初任給 13,000 円

どであり、いわば生活に潤いをもたらすものである。

ああ、そうだ。これがいい。〝衣食住遊〟、というわけだが、この〝遊〟については個々のエピソードなどで紹介することにし、ここでは省略する。

このようなわけで、当時は健康な体と意志と能力があればお金は特になくても生きていくことはできた。なにしろ〝遊〟だけは自前で当然のことであるが、衣食住はその日でも保障される時代だったのかなあ。

私などは自分で言うのもはばかられるところであるが、品行方正で質素倹約タイプのため、二〜三カ月分ぐらいの給料は袋のまま尻のポケットに入っていたものだ（写真６－②）。たばこや洗濯代などのいわゆる小銭は一日一五〇円の現場日当で十分間に合った。たばこは、〝いこい〟が二〇本入り五〇円、〝ピース〟は一〇本入り四〇円というところだ。麻雀も習い始めのうちは授業料のつもりで払っていたが、そのうちにいただくようになってしまった。

現場日当で思い出したが、私は会社の名古屋支店に貸しがある。新幹線工事現場に転勤になった月の一八日間の現場日当一日一五〇〇円だから、計二七〇〇〇円である。転勤当初は今日送ってくるか、明日こそはくるかと首を長くして待っていたが、そのうちに五〇年が過ぎてしまった。

公共事業、特に土木の仕事にはいろんな業種があり、それぞれの経験や能力に応じた仕事があったのである。一日中釘抜きをやっている者もいたとか。効率化とか少数精鋭主義とかコンピュータ化とかがすすんでいくうちに働くところが少なくなってしまったのだろうか。

写真７-①　土質試験室内部

7　土質試験室

小生の要望により土質試験室は独立建物として敷地の一画に設けられた。試験器具はそのへんの荒物屋とかで買えるような代物ではないので、東京の本社から取り寄せてもらった。

送られてきた新品の試験器具を設置し並べる。初めて見るような器具もある。しかし「こりゃーなんだぁー」と訊きまわるわけにはいかないのだ（写真7－①）。

この現場では、土質工学を専攻した優秀な卒業生の新入社員ということになっている。「大島君、工事区（国鉄）にはな、君は河上（房義）先生の優秀な教え子ということになってるからな。精々土質の勉強してくれよ。なぁーに、少々のはったりは必要だからな。国鉄（名古屋幹線工事局）では西亀次長が土質の大家らしいぞ。仁杉局長はコンクリートの博士だし、まぁ、視察に見えたときはちゃんとしっかり説明をよろしくな。」

あぁーあ、にわか技術者は辛い。本当は岩崎教室で砕波の実験研究をやっていた。でも、そんなことはいっていられないのだ。

試験室も整った。応接セットというわけにはいかないが、大工手製の机や椅子も棚も揃った。いっぱしの試験所所長にでもなった気分である。部下は一人もいなかったが。

入り口の柱に板っぺらに「土質試験室」と書いて打ち付ける。ついでに○○取締役と小さい字で書く。よその人が来た時は「へぇー、この若さで取締役ですか。常務それとも専務？」「いや、火元ですよ。」

余談であるが、この後の四〇年以上にわたる私のサラリーマン生活で、個室を与えられたのはこれが最初でかつ最後であった。

土工管理のための試験には大きく分けて室内試験と現場試験がある。室内試験は土取場の土が盛土として相応しいかどうかなどの性状を調べる。現場試験は締め固め具合などのいわゆる製品の検査みたいなものである。

当時の試験器具を写真で紹介する（写真7－①・写真7－③）。

写真 7-②　土質試験室入り口にて。火元取締役の筆者。室内の左半身が見える人物は若き日の坪井元専務取締役

写真 7-③　土の突き固め試験器。締め固めの最適含水比、最大乾燥密度を測定する

8　娯楽室

乗り込みの慌ただしい時期が過ぎ、工事も順調に進捗してくると、やっと人心も落ち着いてくる。多少は心にゆとりがでてくると、仕事以外にもいろいろと食指が動く。酒の好きな人は豊橋や浜松のバーやキャバレーなどの盛り場にでかける。もちろん屋台やいっぱい飲み屋で済ます人もいる。一方、ばくち好きな人もいる。競馬、競輪、競艇、パチンコなどいろいろあるが、やはり当時は麻雀が最も盛んであった。

娯楽室というと格好良く聞こえるが、実は飯場の麻雀部屋である。パイをかき回す音がうるさいので、宿舎とは別棟に建てられている。上級者組と初心者組に別れて卓を囲んでいた。レートは各々千点五〇円と二〇円である。私は学生時代は麻雀をやったことがなかったので、最初のうちは上級者の連中の後ろで勉強させていただいた。給料日に清算をするのだが、払いきれなくて何カ月分も溜まっている人もいた。ボーナスでも払いきれず、無い袖は振れないと開き直らざるを得ない。そうなると勝った側でも内輪もめとなる。大変な迷惑になる。結局とどのつまりは、トラブルメーカーは相手にされなくなる。私の知る限りでは二人いた。

私も遂に麻雀の魔力に墜ちてしまった。それほど博才があったわけではないが、しばらくやっているうちに、何とかとんとんぐらいでやっていけるようになった。雀荘でやるわけではないから、場所代も飲み代もいらない。こんなに安くて健全な(?)遊びはどこにもないぐらいであった。

ここでルールについてちょっとふれておく。

最初のうちは場に役はなかったが、ゾロメとかいって親がふった二個のサイコロの目で一と六が出た場合、それぞれにつき場に一役とか二役がつく。あがった人におまけがつく。だから、親になると今のは練習だとかなんとか言っちゃあ一や六が出るまでふりなおす。子の方も皆自分こそ今度はあがれると思っているから、文句は出ない。そのうちに面倒くさくなって常に場に二役をおくことになった。このようにして満貫やはね満や倍満がすぐにでき、役満も底上げはされるものの蔭が薄くなり、インフレの傾向が進んでゆく。

国鉄の工事区でも麻雀が盛んだ。H工事区長が大好きなもんだから、若い連中もみな好きだ。うちの連中もよく誘われていた。掛けてはいたろうとは思うが、プライベートだからポケットマネーで親睦麻雀をやっていたのだろうか。国鉄ルールで面白いのは〝北抜き〟

である。本来は〝花牌〟を入れてやるべきところ、手垢の付いてない花牌ではまともに分かるため、代わりに〝北〟にしたようだ。不労の役はほかにもたくさんある。

北の他に一ピンや五ピンまでもドラ並みにしているところもある。〝カン〟には〝フ〟がつくのに、さらに場に三千点をつける。そのうえさらに〝ドラ〟を増やす。もともとはドラの入れ替わりだったのに。これではドラがどんどん増えるばかりである。更には〝ハコテン〟だとか〝キジウチ〟だとかトップ賞があるのに〝ソトウマ〟をつけたり、すっかり博打化してしまった。

これもインフレルールへの道であり、経済の高度成長、インフレ、バブルに呼応して麻雀もスパイラル的に発展し過ぎ、娯楽や親睦の目的から離れ自ら崩壊してしまった。今や雀荘は年寄りばかりで、若者はすっかり麻雀離れをして、替わってパソコンやｉＰａｄやスマートフォン（スマホ）携帯のゲームに熱中する時代になってしまった。

伊藤工区長と坪井さんは囲碁が好きであった。今から思えばどの程度強かったのかわからない。坪井さんは初段か二段ぐらいはありそうな口振りであった。伊藤さんには、私が麻雀をやってないときは「おい、ちゅう（忠）さん、碁をやろう。」と言ってよく教えてもらった。私は碁は殆どやったことがなかったので、麻雀と同じくこの現場でおぼえた。逆に将棋では私の方が強かった。

伊藤さんは日頃は温厚であるが、将棋をやる時は、わりとかーっと来るのである。特に自分の見落としで負けたときなどは、こんなわけないとばかりぺーぺーと両手に唾をはきつけて「よーしっ、もういっぺん」と気合を入れて挑戦してくる。それをまたやっつけるのが痛快なのだ。

学生のとき、〝波〟に関する卒論で同僚だった斉藤晃氏（のち東海大学教授）とよくメンツをかけてやったものである。三〇回ぐらいやって勝率は彼が六割、私が四割ぐらいであった。彼は後々までも、何勝何敗だったとか、しつこく憶えていたものである。

＊閑話休題⑴　十三龍門の確率

閑話休題は時間のない方は読まなくてもよい。（以下同じ）
数学の計算法については責任は持てないことをお断りします。

麻雀に十三龍門（シーサンロンメン）という役満がある。あまり聞かない。九蓮宝燈や四貫子よりも珍しいかもしれない。それは天和と国士無双のダブル役満である。これはどのくらいの確率で起こるのだろうか（天和だからまずは親の配牌で、あがりの、しかもそれが国士無双である）。一緒に考えてみませんか。

まずは牌の数であるが、マンズ、ピンズ、ソウズの3種が1から9まであるから27種、それに東、西、南、北、白、發、中の7種で計34種である。これが各種4個ずつあるから、全部で34×4＝136個である。このうち老頭牌いわゆる字牌は先の7種とそれぞれの1、9牌の6種の計13種が同じく4個ずつで13×4＝52個である。

ところで天和という役満は親に限られる。13個の配牌に14個目の第一ツモであがりと考えるのである。子の第一ツモでのあがりは地和といい、一巡内でのふりこみは人和といい、いずれも役満に扱われている。

さて、十三龍門の確率の計算に戻ろう。まずは配牌である。全体で１３６個の牌のうちか

ら任意の13個をとるときの組み合わせ数は
136C13　である。
配牌の13個がすべて老頭牌でしかも各種1個ずつ揃う場合の組み合わせ数は、各老頭牌は4個ずつあるから
4Π13＝4　の13乗通りとなる。
したがって、全体の牌から13個をとって、それが13種の老頭牌が揃うという確率は
4Π13／136 C 13　となる。
これにいわゆるあたまが14個目として必要であるから、13個を除いたときの残りの牌の数は136－13＝123個、そのうちに残っている老頭牌は52－13＝39個であるから、あたまとしてつもってくる確率は39／123である。したがって、十三龍門の確率は
4Π13／136 C 13×39／123　(1)
となる。この逆数が1回起きるための必要回数である。ざっと計算すると
約２２７億３５４５万回　となる。
これは次のように考えることも出来よう。
今、全部で１３６個の牌から1個ずつ揃えていくこととし、最後にあたまも揃って国士無双ができるとすれば、最初の1個が字牌のうちの1個である確率は13×4／136　2個目は残りの12種から選ぶから　12×4／135、同様にして3個目は11×4／134……となる。

このようにして13個目は1×4／124となり、14個目はあたまであるから（52－13）／123＝39／123となる。これらを掛けることによって十三龍門の確率が求められる。

∴（13×4／136）×（12×4／135）×（11×4／134）×……×（1×4／124）×39／123　これは前述の式(1)と一致する。

ところで、数式や数字をいくらならべたててもピーンとはこないから、ここでちょっと試算をしてみよう。まずは麻雀人口であるが、今はパソコンゲームの時代になって、若い人はやらなくなってきているそうだ。昔は雀荘はパチンコに劣らず栄えていたものだ。きっと、これからはますます減少するものと思われる。さて、時代はちょっとくだるが、昭和五一年六月八日の毎日新聞によれば、当時の麻雀人口はおよそ三〇〇〇万人だそうである。したがって今これをもとにして計算をすすめてみよう。ここでこれらの人たちが週に一回（年間五〇日）、半チャン（東場と南場）四回やるものとしよう。

一卓につき半チャン一回で配牌の回数（機会、チャンス）はどう考えればよいだろうか。単純には四人で親をそれぞれ二回ずつだから4×2＝8回である。しかし、これは最少であって、実際には親が上がった場合の積み込みや、いわゆる「流れ」でも親がテンパイしていればやはり積み込むというルールが多い。

前者はわりと単純に考えることが出来る。すなわち親が上がる確率は、力量が同じとすれば1／4である。親が上がった後更に上がる、いわゆる連チャンの確率は1/4×1/4＝

1/16、さらに……は同じように考えればよい。この級数の和は1/3である。後者はあまり単純ではない。昔はいわゆる手づくりも楽しみの一つだったが、今は「やきとり」とか、あわただしくなって、とにかく早く上がることが第一優先となってきているようだ。

「流れ」には平局（誰もあがらない）、9種9牌（配牌時）、4カン、4立牌（リーチ）、4風（最初の捨て牌が4人とも東、南、西、北のいずれか一種）などがある。このうちの殆どが平局といってもよい。だから、流れ＝平局みたいなものである。これはどれくらいの率で発生するか統計をとったことはないが、経験的に親の積み込みと同じぐらいと考えられる。このへんはちょっとおおざっぱであるが、当たらずといえども遠からずと思っていただきたい。

したがって、半チャン一回で配牌の起こる回数は $1 + 1/3 + 1/3 = 5/3$ 倍となる。

以上の前提で年間の配牌の機会は

$$8 \times 5/3 \times 4 \times 50 \times 30{,}000{,}000 \div 4 = 20{,}000{,}000{,}000 = 200\text{億}$$

となり、先の227億3545万と極めて近い。即ち、十三龍門は国内で一年に一度はどこかで誰かがあがっても不思議ではないのである。でも、聞いたことがないねぇ。

9　ギター独習

工区長の伊藤さんは麻雀は強そうだがやらない。きっと賭け事が性に合わないのかもしれない。その代わり囲碁や将棋が好きだ。囲碁は私がだいぶ弱かったので、専ら将棋のお相手をすることが多かった。私の方が五回に一回負けるぐらいだったろうか。負けるたびにパァーッと手のひらに唾を吹き付けて、「よっし、もう一回」と、なかなか終わらないのである。

部屋で勝負事をやらないときはギターである。もちろん我流なのでそんなにうまくはない。古賀政男の名曲の特にイントロの部分が好きで、「影を慕いて」や「酒は涙かため息か」などが得意であったが、何しろ我流であるから、レパートリーには限度がある。というよりはこの二曲以外はあまり聞いたことがない。しかも、イントロがテーマである。

「忠さんも、ギターなどやってみたらどうかね？」などといわれて、その気になってギターを買い入れてきた。しかし、肝心の先生がいないではないか。勧めてくれた人では言っちゃあ悪いが心もとない。しょうがないから初心者用のギター教本を買って基礎的なところから独学をした。バレーとかアルペジオとか少しずつものになってきた。おたまじゃくしもなんとか読めるようになった。といっても一種の勘みたいなもので、楽譜を読みながら演奏するわけではない。ダンスや踊りでもリズムが先で、楽譜が先に出来たわけではない。楽譜は、保存とかチェックとか確認のためにあるのだ。

だから、指の動きが第一だ。最初はどの指でどのフレットをおさえ、どの指でどの弦を弾くとか面倒なようだが、ちゃんとうまく弾きやすいように出来ていて、一度憶えるともう大丈夫、次のステップに進めるのである。際限なく上達するかというと、そうは問屋がおろさない。これに限らず、どの道にもあてはまることであるが、人それぞれに才能や能力に限界がある。わたしのギターも簡単な童謡や唱歌から始めたが、何とか歌謡曲までは一応たどり着いたと思っている。その後、「禁じられた遊び」まではなんとか弾けた気もしたが、壁にぶつかってしまった。才能のある人はそれを乗り越えていく。また、新しい壁にぶつかる。また次の壁という繰り返しのようだ。

事務所の乗用車にスタウトという車種があった。今もあるのかどうか知らない。この車付きの運転手は地元の若い人で、鈴木さんといった。どういうはずみからか、彼は古めかしい大正琴をかき鳴らすのが趣味であった。お琴というと、宮廷ででも演奏されそうな格調高い雅楽みたいな音楽かと想像されるかもしれないが、実は歌謡曲である。しかも、レパートリーは極めて少ない。というよりも、はっきり言えば全部で一曲である（馬鹿の一つ覚えという人もいるかもしれないが、私はそんな失礼なことは言わない。だから書きもしない）。

その曲名は「高原の駅よさようなら」という小畑実の大ヒット曲である。といっても知らない人が多いかな。この曲もイントロがいい。琴の弦の数は何本かあったとは思うが、そのうちの一本だけ使って弾くのである。だから簡単な曲なら素人でも弾けそうでしばらくわたしも借りてやってみたこともあった。が、素人の域を脱することはなかった。

10　Sさんとの将棋

東京の本社からSさんが一泊どまりで現場事務所に出張してきた。財務管理か在庫品の内部調査か、とにかくそのような用件らしい。仕事が終わって一服しているところへ
「大島さんですか。」「はあそうですが。」初対面であった。

「将棋をやられるそうですね。私も好きなもんで是非教えてください。」

「好きは好きですが、教えるほど強くはないけど……」

「伊藤さんが強いって言ってましたよ。」

「まあ、あの人よりは強いかもしれんけど……」というわけで、当日は麻雀を休んで将棋を指すことになった。

勝ち負けの詳しい順序は覚えていないが、最初は接戦の末Sさんが勝ったようだ。

「やっぱり東京の人には適わんなあー。」とぼやくと、

「いやー、そんなことはないですよ。」と満足げである。二回戦は私がなんとか勝って一勝一敗にこぎつけた。結構いい勝負である。勝敗の順序は別として六回までやって三勝三

敗である。だいぶ夜も更けてきた。

「ちょうど、いい時間になりましたね。」いかにも、決着はまた次の機会にしましょうかと言わんばかりに水を向けると、案の定、

「いや、決着をつけましょう。」

とたいへんな意気込みである。ここで引っ込むわけにはいかない。第七戦もいい勝負となったが、最後に私が接戦を制した。いやあー、Sさんの残念がること、まるで目の前で恋人をとられたかのような悔しがりようである。

「実力的にはあんたのほうが上だよ。ただ、指ウンに恵まれなかったんだ。残念だろうけど勝負にはこんなこともあるんだね。私は今日はついていましたね。まぐれですよ」などと慰めるとなおさら悔しがるのである。この悔しがるのを眺めるのもまた楽しいのである。

そのあと、もう一回、またもう一回と要求に応じて明け方近くまで付き合った。結局は小生の六勝三敗であった。

「どうしてそんなに強いんですか。また教えてください。」「いやー、単なる指ウンですよ。実力的にはあなたの方が強いですよ。」とますます慰めてやった。

Sさんには残念だったろうが、その後私の退職により対戦の機会はなかった。

11　洋服屋さんとの将棋

事務所が開設されてからほどなく洋服の仕立て屋さんがしばしば訪れるようになった。名古屋の方から通ってくるらしい。気安く話してる人が多いので、聞いてみると十津川《とつがわ》ダム（奈良県熊野川水系）や畑薙《はたなぎ》ダム（静岡県大井川水系）時代からのお付き合いらしい。この事務所には杉谷所長をはじめとしてこれらのダム工事出身者が多い。現場に出てから一度も背広を着る機会はなかった。まわりに必要性を聞いてみる。

「これからはな、フォーマルな会議があったり、発注者（国鉄）とのお付き合いやキャバレーに行ったり、デイトをしたり、人それぞれだよ。個人の自由だがね……」

というアドバイスを受けて一着注文することとなった。

サイズを測りながら「儲かりますか。」「暇な時は何をしてますか。」などと無駄話をする。そのうちに将棋の話になった。

「へぇー、大島さんは将棋もやるんですか。私もやるんですよ。ここ三年間ぐらい負けたことがないですよ。」

「ほうー、三年もやってないんですか。」

「いや、やってるけど勝ってばかりということです。」

えれェー、でかい口を効くもんだな。正気かなと思いつつ、

「あなたは、洋服屋さんでしょ?」と念を押す。いかにも、洋服屋風情がとか、たかが洋服屋の分際で、みたいな言い方であった。我ながらちょっと言い過ぎかなと思ったが、相手は気にもしていない。

お手合わせが始まった。

「初めての人とは普通は飛車か角行のどちらかを落としているのですが。」

「いや、平手で結構です。」と答えた。

どこまで図々しいんだ。ぜひとも鼻を明かしてやらねばならない。

振り駒で前後を決め、いざ正式に対局を始める。指す手つきがわざとらしい。ところが、指手が厳しいのだ。まだ序盤だというのに早くもえらい差がついてしまった。不本意ながら結局は断然の大差であった。

「もう一度やりますか。」

「いや、もう結構です。」とさっさと退散した。

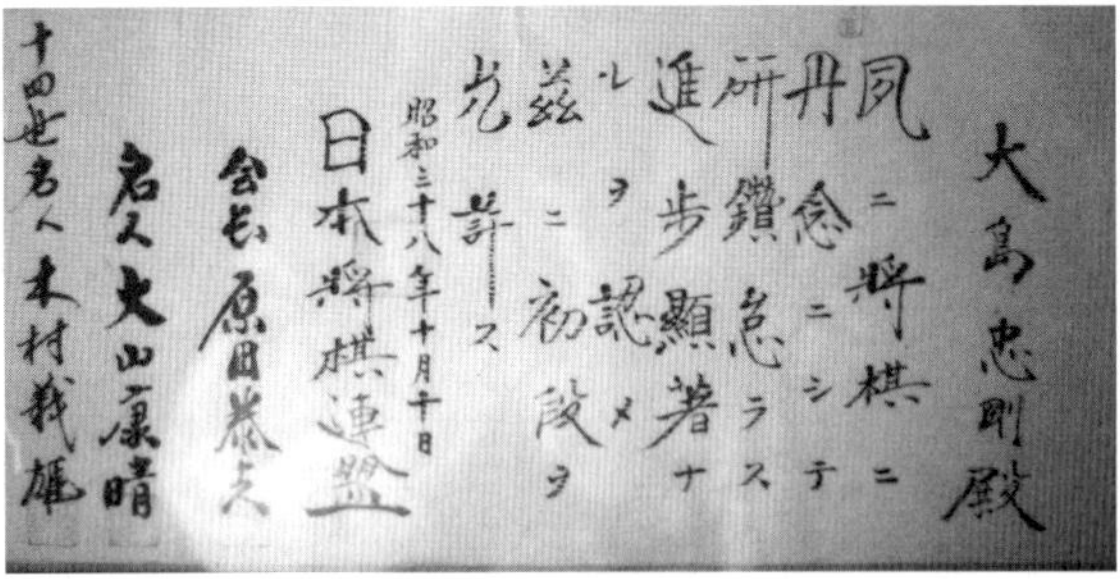

写真 11－①　日本将棋連盟のお墨付きの初段免状　昭和 38 年 10 月 10 日

「じゃあ詰め将棋をやりましょう。」洋服屋はささっと駒を並べた。何度かトライしているうちに解くことができた。

「大島さん、これができれば初段ぐらいはありますよ。免状をもらってあげましょうか。その代わりお金はかかりますよ。確か三〇〇〇円ぐらいだったかな。名人の直筆入りですよ。」

あとで聞いたところでは、洋服屋は若い頃に将棋指しを目指したことがあったらしい。あるいは奨励会の出入り口にでもいたのかもしれない。板谷四郎八段や、東海の鬼とかいわれた花村元司にも指してもらったことがあるそうだ。

洋服屋は見かけによらないものだ（洋服に限らないけど）。

その時の名人大山康晴、十四世名人木村義雄、日本将棋連盟会長原田泰夫の揮毫された初段免状を今も大事に持っている（写真10－①）。

12　烏《カラス》の子の災難

工藤君は小柄で童顔である。歳は二〇歳前後である。だから一見可愛くて素直に見える。ところが、口を開くと話の内容が強烈である。可愛い坊やが、いわゆる悪ガキに変身するのである。

山谷に住んでいたこともあるらしく、「山谷では野良猫一匹だっていない。みんな食べられちゃうんだ。」「肉丼は二〇円ぐらいで、腹一杯食えるよ。」などと言っていた。当時（昭和三〇年代）の金の相場にしても、ばか安いには違いない。

それと、少年鑑別所での体験談である。先輩を部屋長というらしく、所内での立派な縦社会のしきたりなどを話すのが得意の分野であった。新参者は入所の時こっそり持ってきた貢ぎ物を差し出さなくてはならない。そうしないと、ずうっーとうだつがあがらない。なんとか肩もみやせんずりのお手伝いをしてご機嫌をとらなくてはならない。

工藤君は麻雀も好きであった。でもまだ日が浅いらしく、我々と同じ下のランクでやっていた。ひっかけリーチをかけたりして、なかなか出ないときなどはいらいらして「出そうで出ない、ばばあの××」などといっては、ぼやいていたものである。

ところで、この工藤君はどこで拾ってきたのか、一匹の烏の子を可愛がっていた。烏の方も赤ん坊の頃からえさをもらっていたので、工藤君の後を追ってよちよち歩きをしてよくなついていた。ある日、突然烏の姿が見えなくなった。

「あの烏はどうしたんだ。逃げていったのかい?」、「いやー。ウェス（ボロ切れのこと）にくるんでガソリンぶっかけて焼いちゃった。」「まさか?、焼き烏にしてたべたんじゃないだろうな?」

あとで工藤君が告白したところによれば、あの子烏が彼の布団のなかで粗相をしたというのだ。それで彼の方がカァーっとなったらしい。

13　まむしの災難

事務所の脇を梅田川というまあまあの幅員の川が流れている。まあまあでは分かりにくいが、川幅二〜三〇メートルというところだろうか。川の存在が先だから、正確には、国道一号線から川の左岸側の堤防に沿って二〜三〇〇メートルぐらい砂利を敷いて引っ込み道路をつくり、そこの借地に事務所を建てたのである（或いは、借地ではなく、買っていたのかも知れない。工事で儲からなくても、土地で儲かる時代でもあった）。

夏の日の夕方は仕事が終わると、夕飯までにややくつろぐ時間がある。ある日、小倉さんはこの堤防上の道路で誰かとキャッチボールをやっていた。ハンブルしたボールが川の堤外地堤防の斜面の草むらの中に入り込んだ。草むらをかき分けボールを探していたが、突然「ヒャーッ」という声が事務所の中にまで聞こえた。

なにごとぞ?と皆飛んで出た。なんと、まむしに咬まれていたのである。見るからに痛そうである。水足さんも清田さんも、こういう時もあわてふためくことはない。他人事だからというのではない。ようするに、百戦錬磨なのである。

写真 13-①　夕暮れが近づいた国土村事務所前の梅田川と小倉さんがキャッチボールをしていた堤防道路

「すぐに、二川病院に電話して、まむしの血清があるかどうか問い合わせろ。」「無かったら、豊橋の病院なら大丈夫だろう。」などといってるうちに、「二川病院にあるそうです。大至急来てくださいとのことです。」と声がかかる。

その日の夜見舞いに行った。なんと、腕が倍ぐらいの太さに膨らんでいる。話には聴いていたが、まむしの毒というのはおっそろしいものですなぁ。

それ以後、堤防でキャッチボールをやるひとはいなくなった（写真13－①）。

14　いくらさん

最近はテレビ番組でタレントといわれる人たちが、旅行とか探検とかいう形でいろんなところへ出かける。その地で、いわゆるゲテものといわれるものを食べるシーンがときどき放映される。いろんな動物の内臓や昆虫や爬虫類など様々である。わたしはこのようなゲテものには相性が悪い。

ＪＩＣＡのシニア・ボランティアで、タイのチェンマイに滞在している時に、ときどき向うのお役人の人たちと会食の機会があった。もちろん費用は向こうもちなので、料理の注文もお任せである。ところが、これがまたつらい修行なのである。

地元の名物のご接待を受けたときはありがたーくいただかなくてはならない。残しては失礼なのである。ビサン氏は地方自治の強化のため、国の機関である内務省のチェンマイ県庁からチェンマイ市に引っこ抜かれた人材である。まあそのことはどうでもよい。とにかく、ときどき電話が来て、「今日は昼食をごいっしょしましょう。」となる。

池のほとりのレストランといっても改装前の屋台という感じだ。そこでご馳走にあず

写真 14-① 北タイ料理

かるのが北部タイ名物である。いなごやばったは日本でも地方によっては食べるところもあるようだが、かまきりとなるとちょっと考えさせられる。たがめなどはゴキブリそっくりである。また、竹には一節ごとにうじむしみたいのが住みついている。かいこみたいだ。さすがのわたしもいつも断るわけにもいかず、ついにあるとき「清水《きよみず》の舞台」から「華厳《けごん》の滝」に飛び込むつもりで試食してみた。なんとか喉は通ったがどうみても美味しいとは思えなかった。

「残ったのはどうぞおみやげに。」といわれたが、ご遠慮させていただいた思い出がある（写真14－①）。

ところで、当社には飛び切りのゲテもの好きの人物がいたそうだ。社内の誰もが知る有名人であるが、わたしは残念ながら会ったことがなく、もっぱらその奇癖を人づてに伺ったのみである。

「高橋（守）さん。昔会社のオペレーターで動くものは何でも食べるという変わった人がいたよね。なんという名前だったですかね。」

「うーん、そう、変わり者がいたよね。名前は忘れちゃったなあー。うーん、確か魚みたいな名前だったたな。」

「じゃー、すずきとか、いわなとか、おいかわとか、むつごろうとか、……」

「いやー、なんか出世魚みたいな名前だったたな。」

「それだと、ぶりとか、はまちとか、……」

「あーあ、そうそう、はまちだ、そうだそうだ。やっと、思い出したよ。」

「浜地さんですか。」

「いや、伊倉だ。」

「全然違う名前じゃないですか。」

「うん、みんな英語で呼んでたんだ。いくらは英語で How Much?（ハマチ）だからね。」

ところで、この伊倉氏はオペレーターだったらしい。ブルドーザーかショベルカーか、とにかく重機の運転をやっていたそうだ。愛妻弁当なのかどうか知らないが、昼は弁当だったらしい。おかずはそのへんの動くものが主である、当時は田圃や畑はもちろん野原や池や水路などどこにでも生き物はいた。季節に応じて自然の恵みを味わっていたそうだ。

彼の好みの説によれば蝶々やとんぼの類は羽ばかりがでかくて身はすくなく、あまりお薦めできないとか。ゼリーみたいなものに入り込んだおたまじゃくしはお薦めらしい。蛇や蛙もごちそうではあるが、蛇は小骨が多く面倒だからもっと手近なものにしているとか。探せばいくらでも自然の生物が生息していた時代であったが、どうしても不猟のときは尾籠《びろう》な話で申し訳ないが、ノンフィクションなのでご勘弁をいただきたい。というわけで「今日はついていない。お茶漬けにしよう。」などといって弁当箱に自分の小便を注いで啜っていたという。彼を知る人のなかには、致死量はわきまえていたとは思うが、グリースまで食べていたよ、と言う人もいた。

彼は間もなく亡くなったそうだが、死因は食べ物のせいではなかったと伺っている。

15　工務課長の運転免許証取得の障碍《しょうがい》

「おい、M課長がまた運転免許試験に落ちたらしいぞ。」

「へぇー、本当かい、もう確か三回目ぐらいじゃないか。」

「そうだよな。本人は今度こそ大丈夫と思っていたらしいけどな。わからんもんだな。」「学科の方は受かってるらしいけど……」

「あったりまえだよ、東大卒だぜ、本物の東京大学だぞ。」

本人の残念がるのをよそに、周りの者はもっぱら冷やかし半分というより、むしろ面白がってほくそ笑んでいるかのようである。

当時は未だマイカーは珍しく、よほどの金持ちかエリートのステータスであった。課長は早々と運転免許証をとる前にまず車を買ったのである。だから、どうしても免許証をとらなくてはならない。奥さんだってドライブを楽しみにしているはずである。ところがどういう訳か実地試験で落ちるらしいのである。中卒、高卒の連中だって次々に免許を取っている時代だから、本人もメンツがたたない。

「大島君、一度俺の運転する車に乗って、運転技術で気付いたことがあったら、遠慮なく言ってくれ。」

「えっー、僕が乗るんですか。」

「大丈夫だ、工事現場とたんぼ道を走ってみるだけだ。」

ギアーチェンジもハンドル捌きも特に悪いとも思えない。乗り心地もまあまあだ。お世辞を使ったわけでもないが、

「私にはよく分かりませんねぇー。今度こそは受かるんじゃないですか。」

ところが、またまた落ちてしまった。駄目押しみたいなものである。皆陰では気の毒がること半分、面白がること半分のようであった。

ついにM課長は免許証取得をあきらめた。せっかく買った車を売っぱらった。私は学歴優先の世の中に対抗する人たちからの逆差別だったのではないかと今も疑っている。

16　バイク初乗り法面《のりめん》で転倒…こりごり

あれはいつごろだったろうか。盛土の高さが計画高の三分の一ぐらいの高さになった頃である。といっても分かりにくいがそんなことはどうでもよい。雨が降ると法面（斜面）が侵食されてせっかくの盛土が崩壊することがある。だから盛土面に降る雨を集めて適当な間隔で法面排水工とよばれる竪排水路に導く。これは仮設工なので、現地にセメントと土と水を混ぜたいわゆるソイルセメントで設置する。

雨の時期や雨が近づいてきた時はこの排水設備が設置されているか、ほかに必要箇所はないか、正常に機能するかどうかなどを点検して見回る。往復二〇キロメートルである。

あるとき、たまには空いているバイクにでも乗って見回ろうか、と思ったのが運のつきであった。誰かに簡単にバイク操縦の仕方を教えてもらって出かけた。思えば若気の至りであった。現場までの途中は公道だから無免許である。現場に着いた。調子が出掛かってついスピードをあげてしまった。バランスを失った。

ああっー法面を斜めに滑り降りていく。すっかり今の言葉で言うとパニくってしまった。

とにかくバイクから飛び降りようと必死であった。しかしずぼんのどこかが引っかかったのかわからないが、とにかく法面で頭を下にぶっ倒れた。バイクには跨《また》いだままだった。左足が下にあり、両足でバイクを抱え右足だけが自由だが、ただ、宙に向かって蠢《うごめ》いているだけだ。幸いに身動きもできないという状況なのに足の骨折はないようで安堵した。

待っているうちに誰か見つけて助けに来てくれるかとしばし待ったが、誰も来ない。なんとか起き上がる方法はないかといろいろやってみたが、やはり自力ではとても無理だ。

「誰か、助けてくれぇー。」となんども声を張り上げた。反対側の法面なら国道も走っており、通行人や自転車もたまには通っていたのだが。あいにくこちら側は道路もなく一般の人の通行はない。頼みの綱は労務者かだれかが偶然通ってくれることである。夕暮れも近づいてきた。

三〇分か一時間か、ようやく運命の女神いや労務者の男神が現れた。小便を垂れにきたのだ。小生の哀れな姿を見て彼もびっくりしたようだ。「いやぁー、有難うございます。地獄で仏です。お蔭で助かりました。このまま夜を明かすかと思いましたよ。助かったー。」

私はこのときの命の恩人ともいうべき男神にはそれっきりである。その節は大変お世話になりました。遅ればせながら厚く御礼申しあげます。

バイクはもうこりごりだ。このことがあって私には専用の自転車が与えられた。

17　真夏の昼の夢

人間一生のうちにはいろんな出来事に出会ったり、摩訶不思議な体験をすることもあろうが、これから述べることは、そうやたらに出くわすものではない。私もこれが最初であり、もちろんその後はなく、今後とも期待？薄であることは間違いない。大体、いまだにこのようなことが実際にあったのかどうかさえも怪しい感じで、夢の中の一コマだったのかなあ、と思ったりもするのである。

あれは、昭和三七年と思われる特別に暑い昼下がりであった。

私は工事現場に出ていたが、のどが渇いて、東海道線の二川駅付近で、アイスキャンデーか、飲み物でも買って休むというか、佇んでいたようだ。駅の広場の端がすぐ旧東海道で、線路と平行している。昔の宿場の端部にあたる。小沢のおばさんの家のすぐ脇であった。

道路のはす向かいから、慌ただしそうに若い女性が私の直ぐ近くまで走り込んできた。そして側溝に跨ぐやいなや私が立っている方向に正面を向いて、スカートのなかからすばやく下着をずりおろしてなんと、立ち小便ならぬ屈み小便をしはじめたのである。距離にして五メートルぐらいだったろうか。まさに一瞬の出来事であった。その女性は何事もなかったかのように、もちろん私に挨拶や会釈もなく、悠然と立ち去ったのであった。差し迫った状況での彼女にとって、私の存在は道端のお地蔵さんか、木偶《でく》の坊《ぼう》だったのだろう。

しかし、乾ききった側溝の底面を一筋の流れが私が立っている方に向かってきた。私はただ唖然と眺めていたような気がしている。

ポルノ映画やピンク映画のロケというのなら特に珍しい光景では無いのかも知れないがそうざらにある話ではなさそうだ。一度ある機関誌に投稿したら、女性編集員に、相応しからず品位を欠く、として削除されてしまった。

18　小沢さんの不慮の死

小沢のおばさんは板前の蜂須賀さんと一緒に炊事の仕事をやっている。若い、食べ盛りの腹を空かした連中の食事の準備はたいへんである。でも、おばさんはいつも元気で明るい。誰にでも気軽に声をかける。東海道線の二川駅のすぐそばに家がある。そこから自転車で事務所に通っている。

「新幹線工事のお蔭で、国土開発会社のお陰で、こんな近くに働く所ができて有難いことです。」とよく言っていた。おばさんには娘が二人いた。どういうきっかけだったか詳細は忘れたが、資材係の加藤継男君とおばさんの娘のうちの妹の方と私と三人で蒲郡《がまごおり》に海水浴か散歩かに出かけている。というのは三人で写した写真が残っているのである。だが、残念なことに記憶が定かでないのだ。ただ、その数日後におばさんから「うちの娘が大島さんのこと気に入ったみたいなことをいってたよ。」と耳打ちされたのを憶えている。めったにないことだった。当時は未だ結婚はもちろん、交際なども考えたこともなかった。なにしろ新入社員だから一人前には遠かったのである。彼女は結構美人でボリュームがあっ

写真 18-①　昭和時代の二川駅の駅前広場。左側の家の奥に小沢さんの家があった

て、高校時代のY子さんに似ていた。

　おばさんの姉娘の方の縁談がまとまった。近いうちに結婚式を挙げるというので本当にうれしそうだった。嫁入りの準備で二～三日休む予定と言っていた。元気な生きたおばさんを見たのがそれが最後だった。

　あくる朝、事務所の中がいやに騒がしい。何事かと行ってみたら、「たいへんだ。小沢のおばさんが今朝自転車で出勤途中に、国道一号線から堤防道路に曲がるところでトラックとぶつかって死んじゃったよ。」「へぇっー。」

　娘の結婚式が無事に終わって久しぶりで出勤してくる途中であった。自転車で国道を横断するときに大型車に引っかけられたらしい。即死だった。車はそのまま走り去ったらしい。

会社で葬式を出すことになった。二川駅前のおばさんの家へ通夜に行った。おばさんの遺体は畳の上に寝かされ、毛布が一枚かけてあった。間もなく、悲報を聞いた娘が新婚旅行を途中で切り上げて帰ってきた。幸福の絶頂から一気に悲しみのどん底に突き落とされたのだ。交通事故というのは本当に一瞬の出来事である。何という残酷なことであろうか。

おばさんのご冥福を祈ります。

19　ある夕暮れ時

その日の仕事が終わった夏の夕暮れ時、私はひとり事務所の前で佇んでいた。堤防の道路を事務所に向かって一人の若い女性らしき姿が見るからにとぼとぼと、不安そうに歩いてきた。私は突っ立ったままの姿勢で、だんだん暗くなる事務所のまわりの風景を眺めていた。いよいよその女性は近づいてきた。ちょっと小柄である。やはり、どう見ても明るい顔ではない。

「あのぉー、済みません。こちらに〇〇さんはいらっしゃるでしょうか？」

「さぁー、私の知らない人のようですが、どういうお仕事の関係の方ですか。」

「私もよく知らないんです。」

「例えば、事務職とか、機械の運転手とか……」

「それがよく分からないんです。」

「ほうー、あなたはその人とはどんな関係の方ですか？」

「妻です。」

「妻？ 妻といえば奥さんですね？」

「そ、そうです。」

「庶務のほうに聞いてみましょう。ちょっと、ここで待っていて下さい。」

事務所に入ると幸いに庶務の清田さんは未だ忙しそうに机に向かっている。

「いゃー、相変わらず忙しいですな。いま表にね、かれこれ、しかじかの女性が訪ねて来てるんですがね。済みませんがちょっと応対していただけませんか？」

「あの野郎、またやりやがったか。もうこの現場にはいないよ。行く先々で女の子をだまして渡り歩いているんだ。どうしようもない奴だ。」

「へぇー、世の中にはたいへんな猛者(？)もいるもんですな。それにしても、いやに簡単に引っかかるもんですな。私にもその才能を少し分けてもらいたいぐらいだな。」

清田さんはこういうときの対応も仕事の一端かとボヤキながらも、入口に向かった。

あの女性はきっと今来た道を一層とぼとぼと帰っていったに違いない。私は見送ることもできなかった。

20　ある夜の出来事

Sさんのご主人はもと警察官だったそうだ。定年にはまだ間がありそうな年齢のようだが、なぜ辞めてプラプラしているのかよく分からない。Sさんは当事務所のみんなの洗濯を一手に引き受けている。独身者が多い。おまけに機械のオペレーターが多いから油や埃まみれの衣類が多い。大変な仕事である。洗うばかりではない。濯ぐ。干す。取り込む。分ける。届ける。分けるのだって人数が多いから大変な作業である。だから、下着にまでマジックで大きく名前を書き込む。記憶がうすいが靴下とハンカチだけは自分たちでやっていたかも知れない。

だから、Sさんの仕事はいつも遅くなる。そのあと、Sさんはオペレーター達の部屋に行って、彼等若い男たちと夜やや遅くまで談笑するのが楽しみの一つだった。

ある夜、オペレーター（仮にO氏とする）の一人が堤防の土手で立ち小便をしていた。もちろん便所は別棟にあるが、たまには広々とした風景を眺めながらの放尿もまた格別なのだろう。突然茂みから一人の人物が飛び出してきた。まむしが出たり、人間が出たり、この土手も忙しい。

いきなり胸ぐらを摑まれて「おいっ、この建物のどこかに女が潜んでいるだろっ。ちゃんと分かっているんだ。どの部屋か言え。」

O氏も突然の状況変化に対応できず「あ、あ、あっちの電気の点いている部屋かと思います。」「よしっ。誰にも黙っていろ。わかったな？」「は、はいっ。」

部屋の中ではSさんを囲んで数人のオペレーター連中が集まり、いつものようにいろんな話が弾んでにぎやかな笑い声が続いていた。その時である。窓の外に人影が映った。窓の方を向いて座っていたSさんが突然立ち上がり猛烈な勢いで窓に突進し、窓を開けるやいなや腕を突き出して、その人影の襟首をつかむやいなや「あんたっ。こんなところで何してるのっ。この恥知らずっ。」てなことになってしまった。

あとでのO氏の述懐にとると「いやー、旦那の顔は番線で切れっちゃって血だらけ、見るも無惨な姿だったよ。最初の土手での尋問のときはてっきり犯罪捜査かなにかかと思ったですよ。さすがは元刑事だと思わせたけどね。でも、奥さんの前だとさすがの元刑事も形無しだったなぁ。」

21　東海劇場ご参拝

映画全盛の時代だったから、東海劇場と聞けば映画館のことかと思う人が多かろう。だが、歴としたストリップ劇場である。当時、豊橋近辺にはここしかなかった。次に近いところといえば、浜松か名古屋まで出かけなくてはならない。

ある日、一人で行くのも気が引けるということで、確か加藤さんと小林さんを誘って三人で晩飯もそこそこに勇んで出かけた。当時は劇場内は畳敷きで、入口で靴を脱ぎ、ビニールの袋か古新聞紙に履き物をひっくるめ、抱えて入場していた。

踊り子は未だ生活の匂いが染みて、とてもあか抜けしているといえるものではなかった。それと、外人は珍しくて、いわゆる金髪がモテモテの時代であった。

われわれ三人の若者は一番前のいわゆるかぶりつきに座りたいところであるが、そこはそれ豊かな教養と生来の遠慮深さが災いして、まあ真ん中よりに陣取っていた。誰も来ていないだろうなとまわりを見渡したが、幸いに知った顔は見えなかった。

いよいよショーの開始である。おなじみの「……なお、開演中は踊り子の肌や衣装には絶対に手を触れぬようお願いいたします。……」てな司会者の台詞に続いて、楽団の艶めかしいような、けだるいような演奏が始まる。同時に舞台の袖から綺麗な衣装をまとった踊り子が登場すると一斉に拍手と口笛や歓声がわきあがる。今は無きなつかしき光景である。

当時はまだ、カラオケはもちろん無く、録音技術はあったはずであるが、こういう劇場にも楽団が残っていたのである。それから間もなくひっそりと消えてしまった。幕引きも、幕間にコントをやる人たちもまだ健在であった。踊りよりもコントが好きな人もいたのである。

ところで、舞台の方のショーは進んでいる。衣装がだんだんに脱ぎ去られ、いよいよあと一枚だけとなった。そのとき、かぶりつきの方から一段と大きな拍手と歓声がわきあがったのである。自分のことはさておいて、いやー、熱烈な人達もいるもんだなーと感嘆しながら、その方を見れば、おや何となく見たことのある顔である。よくよく見れば、なんとまあ、第一工区長のIさんと第二工区長のAさんの両工区長が仲良く並んで手をたたきながらご機嫌である。

この頃は、ヘアーの方は解禁ではなく、未だ建前が先行し、時々警察の手入れがあり、そのたびに踊り子や経営者は戦々恐々としていた時代である。だから、主催者や踊り子いわゆるストリッパーによっては、危険を冒してサービスをして拍手喝采を浴びるか、危険を避けてブーイングを浴びるかを絶えず選択せねばならなかった。われわれ観客（愛好者またはファンとも言う）の方もそれによって料金は同じでも、サービスの受け具合がちがい、警察は正義（?）または庶民の味方ではなかった。

われわれ若者は、工区長たちに悪いし、お互いに名誉（?）にかかわるからという理由をつけて、ストリップ見物は内緒にしておこうということにした。ところが、翌朝工区長たちがそろって「いやー、昨日の東海劇場の出し物は良かったぞおー。大島君も命の洗濯にたまには行って来たらいいぞ。」とご機嫌であった。

22　お茶漬けの店

池田さんは広島出身である。酒が好きだ。もっとも酒好きは若い者全員と言ってよいくらいであるが、わたしだけは酒の席の雰囲気だけは好きだが、酒自体は好きというほどではなかった。

豊橋駅前の商店街の裏通りに松葉小路という狭い通りがある。その通りに面して〝大文字〟というお茶漬けの店があった。店はマダムとおばあさんと確か〝シーチャン〟という可愛い女の子などがいた。おばあさんの握るおにぎりが美味しくて評判であった。わたしも単独行動でときどき行ったものである。わが社の出張所か溜まり場みたいなものだから、店の人は一緒くたにまとめて我々を〝国土のひと〟と言っていた。

ある晩豊橋に出たついでに、久しぶりにひとりで大文字を訪ねた。ドアを開けたとたんママが小声で店の他の従業員に「国土のひとだよ。」とささやくのが聞こえた。カウンターに座って、

「最近はうちの連中は相変わらず来てますか？」

写真 22-①　一時は国土村の若者の溜まり場だった豊橋市松葉小路にあったお茶漬けの店「大文字」のマッチのレッテル

写真 22-②　火事で焼け落ちた豊橋駅前の商店街。昭和 42 年 5 月 25 日撮影

「……いいえ、ここしばらく……あなたが久しぶりです。」

「私は池田さん一行とか他の酒好きの人たちとはグループが違い個人グループですよ。孤独とか、一匹狼とか、ひとりぼっちとか、まあそんなたぐいですね。」

「そうですか。また、皆さんに来てくださるように言っといてください。」とさびしそうである。

翌朝、池田さんに早速このことを伝える。

「大文字のママやシーチャンが寂しがっていたぞ。この前朝早くから、えらく電話で恐縮して謝っていたけど、何かあったのかね。」と尋ねると、

「ううん、あの前の晩みんなでいろいろはしごをしてね。最後にお茶漬けでもと思って立ち寄ったんだけど一二時をちょっと過ぎていたかな。ちょうど締めたところだったんだ。ドアを叩いてむりやりこじ開けようとしたんだ。まあ、酒の勢いもあったし、常連のよしみで少々のわがままは許してもらえると、たかをくくったのが間違いだったんだなぁ。どえらい剣幕で警察を呼ぶとかいって怒鳴りつけられたんだ。日頃の客人相手とは雲泥の差だったよ。もうおっかなくてとても行く気がなくなったね。思い出すからね。」

池田さん一行はその後も結局行かなかったようだ。数年後私が訪れた時、おばあさんは

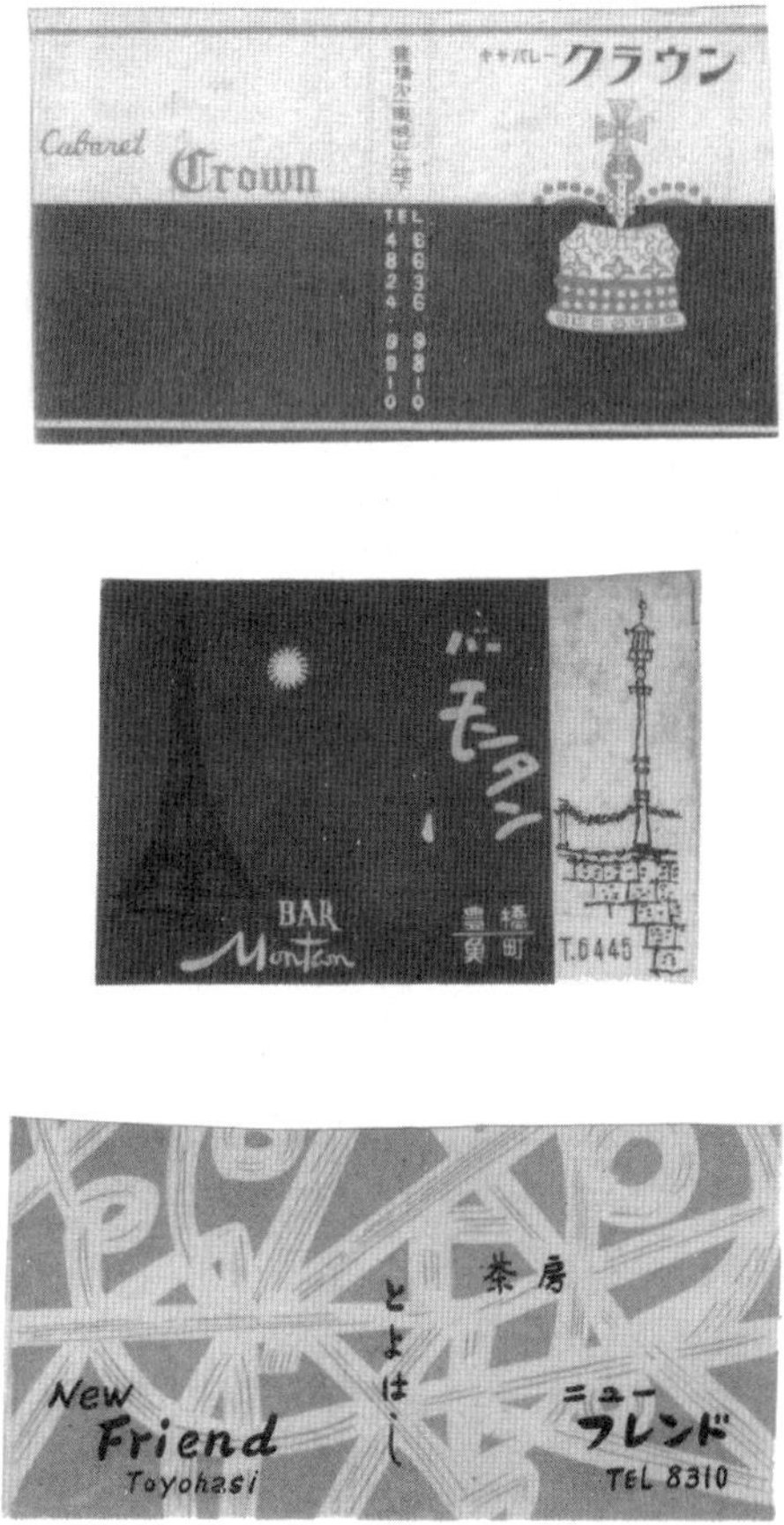

写真 22-③　私が訪れた昭和 30 年代後半の豊橋市内の商店のマッチのレッテル集より

いなかった。シーチャンもいなかった。ママはわたしの顔を見て「あれっ、国土のひとじゃない？」といった。「そう。今はもう退職したんでとっくに国土じゃないんだけど、家内の実家がこの近くなので久しぶりで寄ってみたんだ。」

池田さんはその後若くして亡くなったらしい。私が仄聞《そくぶん》したところによると、子供の時に受けた原爆の後遺症だったらしい。だから常に原爆手帳とかを携行していたとか聞いている。

大学四年生の夏（昭和三四年）、島根県簸川《ひかわ》郡多伎村の建設省中国地方建設事務所に実習で行ったときに、やはり広島出身の池田さんに似た境遇の人がいた。がっちりした大柄な体格ということも似ている。首にケロイドがあった。彼も常に発症のおびえにさいなまれていた。原爆の怖ろしさの一端を知った。

その次に「大文字」に行ったときは店が見つからなかった。実は直前に豊橋駅前の商店街が火事で焼け落ちていたのだ。

23　風呂場にて

現場の仮設建物にはいろいろある。事務所、倉庫、試験室、宿舎数棟、調理場食堂、便所、娯楽室、そして風呂場などである。このように国土村には生活のための建物が一式そろっていた。現在ならプレハブの事務所や倉庫ぐらいがせいぜいであろう。だから、家か少なくとも部屋は借りなくてはならないし、食事も自炊なり、外食なりしなくてはならない。

その点、当時は土方や労務者の口はいくらでもあったから、金は一文なしでもとりあえずの生活は出来たのである。

ところで、ある時風呂場で杉谷所長とパッタリ一緒になったことがある。普通はあまりこのような機会はない。風呂は目上の人が先にはいり、我々新入社員クラスは、しまい風呂の組である。

「所長と一緒に風呂に入っていると、子供の頃に親父と入っていたのを思い出しますよ。」

「そうだ。大島君は親父さんがいなかったね。」

「所長、よく知っていますね。」

写真 23-① 風呂場の内部。洗濯板が懐かしい。昭和 36 年

「親父さんがいないのは、君と加藤君と○○君の三人だ。加藤君の親父さんは家族で海水浴に行ったときに溺れて死んじゃったんだ。可哀想に。彼は君より若いんだろ?」

「ええー。二つか三つぐらい。でも、所長はそんなことまで知ってるんですか。」

ふと、所長の背中を見た。なんと、そこにはびっくり、右肩から左の腰の方に向かって斜めに大きな傷跡があるではないか。

「所長、随分大きな傷跡ですがどうされたのですか。」と思わず聞いてしまった。所長は「うぅーん。」とか「はぁー。」とかいって歯切れがわるかった。

後日、古株の赤羽さんにこのことを話す機会があった。

「大島さん。あれはね、畑薙ダムの工事現場だったと思うが、やくざに日本刀で斬りつけられたときの痕だよ。」

「へぇっ。そんなことがあったんですか。なんとひどいことを……」

知らぬこととはいえ、所長には思い出したくないことを聞いてしまった。

24　じゃんけんの真剣勝負

毎月二五日は給料日である。その日の昼休みの事務所内は大変な興奮の渦となる。当時の私の給料は基本給が一四、一〇〇円であった。それに現場日当というのがあって、一日につき一五〇円、一カ月四、五〇〇円がついた。我々独身者は現場宿舎（当時は飯場という言葉があった）に無料で寝泊まりし、しかも、一日三度の食事やビールなどの飲み物も無料であった。やむを得ず支出するものといえば、一箱五〇円の煙草銭〝いこい〟と月二〇〇円の洗濯代であった。贅沢をしなければ、あとは無料で生活できた。現在の永い不景気な時代と比べれば、夢と希望に充ちた高度成長期の時代だった。

ところで、給料日は今と違って振り込みではない。現金支給である。毎月二五日の給料日は昼前に給料が渡される。

昼時間がくると水足課長の「オーイ、始めるぞ。」の一声がかかる。待ってましたとばかりにたちまち一二～一三人があつまってくる。今もらったばかりの給料袋から各々一、〇〇〇円ずつを出して、輪の中に置く。そして、恒例のじゃんけんが始まる。最後に勝ち残った一人だけが、戴くのである。勝てば給料がほぼ倍増である。熱が入るのも無理はない。

ご存じのようにじゃんけんは、グー、チョキ、パーの三種類である。人数に関係なく全員が一斉に参加して行う。人数が少ないときは決着が早いが、一〇人を超すとなかなか決着が簡単には着かず、「あいこでしょ。」「あいこでしょ。」と連呼するうちに、興奮はますます高まってゆく。

ところで水足課長には致命的な欠点があった。それは、興奮すると、手を後ろにもってゆくところまではよいのであるが、本人は隠しているつもりでも、脇から次の出す手が、丸見えなのである。グーを出すように見えて、実は敵の裏をかいて、チョキを出す、などという高等戦術なら、だまされることもあろうか。なにしろえらく興奮しているから、それがそのままなのである。

このことが、人知れずうわさになっていた。だから常にお客さんだった。しかしかくいう私もそのような欠点が無かったにもかかわらず、約二年半の間についに一度もこのじゃんけんの勝利の恩恵にあずかったことがなかった。

＊閑話休題(2)　じゃんけんと確率計算

多勢で一どきにじゃんけんをするとき、決着をつけるため、すなわち一人の優勝者を決めるためには一体どれくらいの時間がかかるのだろうか。感覚的には人数が増えれば増えるほど、「あいこでしょ。」がおおくなるはずだから、加速度的に決着が長引きそうである。最初のあるいは第一回目の勝者と敗者、すなわち勝ち残り組を決めるために、いったいどのくらいの時間を要するものかを考えてみたい。この時間が解れば、あとはだんだん勝ち残りの人数が減って、決着が一気に早まるので、その時間も想定できよう。

ご存じの通り、じゃんけんはグー、チョキ、パーの三種類である。まずは勝ち組と負け組の二手に分かれる確率を計算してみよう。

参加人数をｎとする。各人が三種のうちから二種のどれかを出すことになるから、各人三分の二の確率となる。これがｎ人だから（２／３）のｎ乗となる。この組み合わせは三通りあるので（すなわち全員がグーまたはチョキかチョキまたはパーかパーまたはグーの三種のいずれかによって決着する）（２／３）のｎ乗×３が第一次決着のおおよその確率と考えてよい。というのは、厳密にはこのなかには全員あいこ（すなわち全員がグーばかり、チョキばかり、またはパーばかりの３とおり）の無勝負の場合も含まれている。従ってその分を差し引くと結局確率χは

χ＝（2／3）のn乗×3－（1／3）のn乗×3となる。

この第二項はnが十分に大きいときは無視できるので、第一項のみの計算で十分である。

したがって、対数をとると

$\log \chi = n \log \frac{2}{3} + \log 3$

今例えば13人でじゃんけんをしたとして、どのぐらいの時間で決着が付くのかを確率論から想定してみよう。n＝13であるから

χ＝（2／3）の13乗×3　　対数をとって

$\log \chi = 13(\log 2 - \log 3) + \log 3$ log

$= 13(0.3010 - 0.4771) + 0.4771$

$= -2.2893 + 0.4771$

$= -1.8122 = -2 + 0.1878$　　対数表から

∴ χ＝1.541×10の－2乗＝0.01541≒1／65

即ち65回に1回のチャンスということになる。じゃんけんの合間「あいこでしょ」に要する時間を一分間に28回（2.14秒／回）とすれば、確率論による必要時間は

65÷28＝2.32分≒2分20秒　　となる。

実際には「あいこでしょ」の間に確認の時間やもめたりする時間があるために、何割増しか長く要するだろう。

ちなみに先に述べた第二項について計算してみよう。

y＝（1／3）の13乗×3

log y＝－12×log 3＝－12×0.4771＝－5.7252＝－6＋0.2748

∴y＝1.882×10の-6乗＝0.000001882　　となり、第1項の0.01541にくらべ極めて小さい。

同様な計算をn（人数）を変えてやってみると

n＝ 5のとき、確率は χ＝1／2.53　所要時間　5.4秒

n＝15のとき、　　　　1／146　　　　　5分12秒

n＝20のとき、　　　　1／1109　　　　39分36秒　　となり、昼休みの時間内で決着をつけるには限度の人数と思われる。さらに、

n＝25のとき、　1／8425　301分≒5時間　　となる。

こうなると半日がかり、いや休憩も要るからほぼ一日がかりとなろう。

25　不可思議な給料持ち逃げ事件

工事現場で某班の工長がなにかいわくありげな顔をして近づいてきた。

「O班の職長が労務者の給料を抱えて女を連れて遁《とん》ずらしたらしいね。」

「へぇえー。そりゃぁー、たいへんだ。田舎じゃ鍋に湯を沸かしてかぁちゃんや子供たちが待ってるだろうに。でも、そんな重大な噂はすぐ伝わるはずだがね。」

「そこはそれ、信用とか世間体とかがあって反作用が働くんだよな。事実おれはしばらく職長代行をやってくれといわれているんだよ。」

「へぇー本当かね。」

半信半疑ではあったが、世間ではよくあることだそうだ。そうこうしているうちに一カ月ぐらいが過ぎた。件の工長に現場で出会った。早速、

「あの職長はその後どうしたんだろうね。」

「ああ、この前（飯場に）帰ってきたよ。」

「ほうー。本当かねぇ。よく戻れるもんだねぇー。女の方はどうなった。」

「さぁー、金の切れ目が縁の切れ目じゃないのかな。いま、飯場の隅っこで何事もなかったような顔つきで、謹慎しているそうだよ。」

当時私はこの話を信じていた。しかも、なんという偶然の一致であろうか。どういう事情があったのだろうか、このタイミングにO班の工区がS班という名称になったのである。普通に考えれば工期が厳しいため人手の確保のためもう一班増やしただけかもしれない。でも、そのタイミングが微妙過ぎるのである。私はますます間違いないとこの一件を信じていたのである。しかし、現在は長生きしたせいか、いろいろ経験させていただいたせいか、何事もあっさり信じられなくなってしまった。

今はあれは某班の某工長のガセネタだったのかも知れない。どういう仕掛けが仕組まれていたのかよく分からないが、どうもO班の職長の人の良いのを見透かして班を乗っ取り、後釜を狙ったのではとないかと勝手に推理している。

後年、所長の側近で、事務所の取り仕切りをやっていた二人の人にこの話をしたところ両人ともたちどころに「そりゃーガセネタだ。O班の職長はそんな人ではない。我々は良く知っている。」と一蹴されてしまった。

一時でも疑って済みません。これはドキュメンタリーには相応しくないお話でした。陳謝。

26　あるコンクリート橋梁工事の顛末

(1)　橋梁の概要

二川工区の延長九・四キロメートルには五七カ所の橋梁が計画されていたことは受注工事概要で述べた通りである。これらの橋梁は道路、鉄道、河川、水路など既存の構造物との交差部に設けられている。地名に橋梁のタイプによってB、C、BO、BV、Cbなどの記号や番号が付されている。幅員はほぼ同じなので種類は少ない。

ここに紹介する第三比舎古BVは鋼橋の梅田川Bを除いてコンクリート橋としては最も大きなものであった。ただ、梅田川Bはプレートガーダーいわゆる鋼材の箱桁であり、鋼橋の専門業者が別途請け負っていたようである。

そして、わが事務所、宿舎などの国土開発村は国道一号線すなわち東海道から既存の梅田橋の左岸側に折れて新しく造った堤防沿いの道路を二〜三〇〇メートルくだったところに入り口がある。

敷地の一画にコンクリートのバッチャープラントがある。橋梁やよう壁工事等で使われるコンクリートはすべてここで製造される。セメントは国鉄からの支給品である。砂利、砂などの粗骨材や細骨材は請負者の方で手当てする仕組みになっている。

だから、だから、トランシットミキサー車いわゆる生コン車がしょっちゅう出たり入ったりであわただしい。朝夕はこれにダンプトラックが加わるのである。さらに材料運搬車やいろんな業者やお客さんも来る。さらには立派な堤防道路ができたかとばかり、東海道をそのまま走っていれば良いものを間違えて袋道路に侵入して方向転換にてこずってい車もある。いまから思えばたいへんな活況である。

日頃温厚な電気工の伊藤稔夫さんが腹を立てている。

「どうしたんですか?」

「ダンプトラックの運転手はひどいもんだよ。荷台を高々と持ち上げたまま堤防道路を走ってきやがって、お蔭で上空を横断していた架空電線を切ってしまってこの通りの停電ですよ。」

「やあー、こびりついた粘性土をかきおとすのが面倒なもんだからあんなことをやるんだね。急ブレーキをかけたりして危険だし、路面もよごれたりたいへんな迷惑だよね。ダンプの連中にはほかにも遊び半分でセンター杭をつぶされたり、土木屋も大変な迷惑を受けていますよ。」

話がずれてしまったが、そろそろ本題に移ろう。

(2) Nさんの苦悩

我々社員は事務所の裏側に木造平屋建ての職員宿舎が与えられた。管理職は個室であるが平社員は相部屋である。わたしはコンクリート工管理者の高田さんとこの稿の主人公のNさんと三人部屋であった。ふとんは会社で貸してくれていたようだ。

食事はもちろん三食付きである。ビールは時々飲んでいたような気がするが、あまり金を払った記憶がない。下請けや関連業者からの差し入れやもらい物でもあったのだろうか。

作業服は一人年に二着とか決まっていた。このように健康で働いてさえいれば、金はなくとも衣食住は事足りるというまことにありがたい時代であった。給料は振込みではなく現金払いであった。私のようにあまり遊びに出かけずもたもたしているとすぐに三カ月分ぐらいの給料が封をしたままで尻のポケットに溜まってしまうのである。たばこ銭なども一日一五〇円の現場日当で十分足りていた。

新幹線の路盤工事も工程表どおりに順調に進捗していた。〝軌道に載る〟ということばがあるが、まさにその軌道を載せるための路盤や橋梁などのインフラ工事である。すでに工事も後半戦というより終盤にかかろうとしていた。「工事魔多し」という格言があるが(いや、工事じゃなくて好事だったかなあ)、致命的、とまではいかなくとも大きなミスが発生したのである。

ここ数日間明け方に私は布団の中で不思議な音を聞いていた。それはねずみの鳴き声のようでもあり、なにか虫の鳴き声のようにも聞こえた。いつもはそのまま寝入っていたが、ついに今日こそはその正体を見つけるぞとばかり上半身起き上がって身構えた。なんと、その正体はNさんの歯軋《はぎし》りだったのである。高田さんは先に目が覚めて部屋を出ていたので、Nさんに率直に聞いてみた。

「Nさん、ここんところだいぶ歯軋《はぎし》りがすごいみたいですね。あれじゃーぐっすり眠れないんじゃないですか。」

「大島さん、実は頭の痛いことがあるんです。聞いてくれますか。」

「ええ、まあ、僕でよかったらお聞きしましょう。あまり役には立たないかもしれないけど。」ということで事が始まったのである。

「第三比舎古BVで高さの測量ミスしちゃったんですよ。」

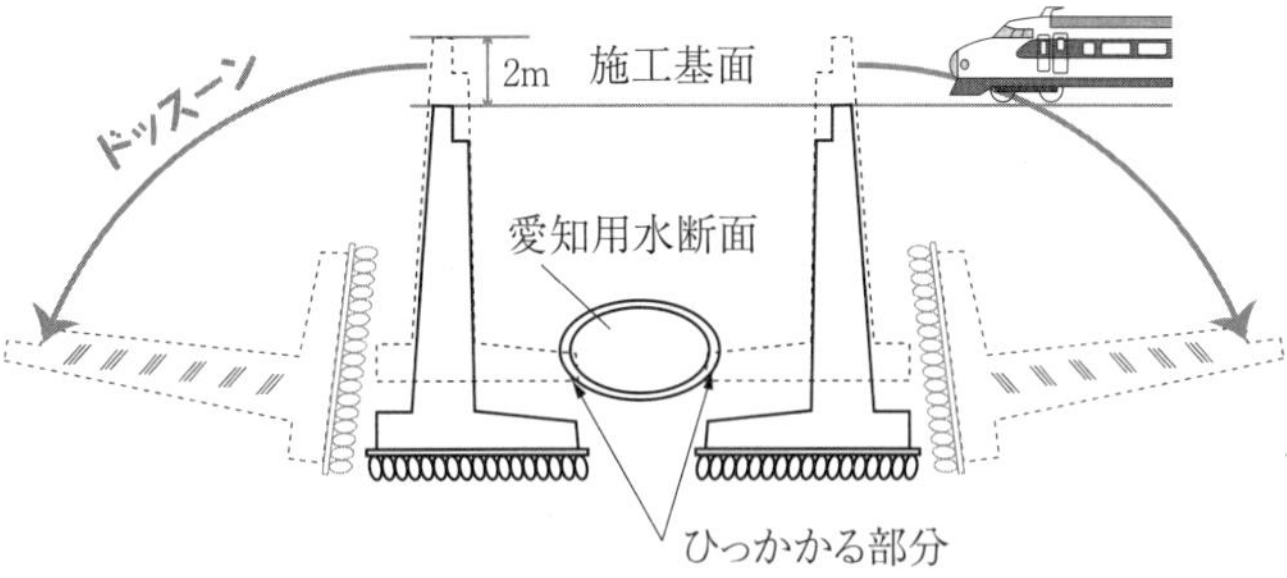

図26-①　コンクリート橋梁の橋台計画図（実線）と測量ミスの施工図（破線）

「ほうー、何センチぐらいですか。」

「何センチで済んでおればよかったのですが。……二メートル高ですよ。」

「ええっ、二メートル？ 今日は確か朝早くから最終の三回目のアバットのコンクリート打設の予定でしたね。」（図26－①の破線の部分を参照）

「そうです。だから頭が痛いんです。もう生コン車が現場に運び入れ始めている頃です。」

Nさんはすっかり憔悴しきっていた。ずううーっとここ数日間悩んでいたのだ。ことわっておくが、間違えたのはNさん本人ではなくサブの職員であるが、責任感が強すぎるのだ。指導責任があることは確かであるが、傍目にはNさんがミスをやったように見えた。

ああー、ここまで来たからにはもはや隠しおおせるものではない。いずれは公になるのだ。新入社員の私に名案が浮かぶわけはなかった。とりあえずコンクリートを二メートル下で打ち止めにして、あとで鉄筋を切っちゃうぐらいの姑息なやり方ぐらいしか名案（迷案）が浮かばない。かといって、このはなしをいつまでものんびり抱え込んでいるわけにもいかないのだ。切迫した問題である。

さて、誰に相談するのが良いだろうか。Nさんの上司の相沢第一工区長に直接話すのは告げ口や暴露みたいになってもいやだし……。相沢さんは仙台高専卒で測量は偶々《たまたま》今野先生に教わったとかで、私を可愛がってくれてはいた。所長や工事課長では、なんとなく工区長を差し置いていきなり上申する感じである。いろいろ迷った末、結局は名古屋の茶屋が坂の工事以来いろいろお世話になっている伊藤第二工区長に相談してみよう。伊藤さんは温厚な人で雰囲気は私の母方の叔父に似ていた。私のことを忠さんと呼んでいた。

「忠さん、何でももっと早く話してくれなかったのかねぇ。」

「いや、私も今聞いたばかりですよ。だから、すぐ報告にきました。」

(3)　大騒動

やがて所内はてんやわんやの大騒ぎとなった。コンクリートの製造、運搬はただちにストップとなったが、早朝からの作業で、もはや殆ど予定どおり打設が完了していた。こんな時に限って順調以上に稼動したのである。永年レベル（測量機械の一種で高さを計測する）など覗いたこともなかった両工区長はもちろん、所長までもが工事中の橋の現場にかけつけ、間違いと思っていたのが間違いで、実は正しかった、ということにでもなればと一縷の望みをかけて高さの点検をした。そして残念ながら、むなしく望みは断たれてしまった。どうしても二メートル強は高いのである。

かくして一対のコンクリート橋台がその基礎から所定の設計高より高い位置に出来上がってしまったのである。

所長は自ら率先して関係機関や本社との交渉にあたった。私は傍観者に過ぎなかったが、情報は知らされた。まずは国鉄である。まさか平坦地に突然の〝こぶ〟というわけにはいくまい。縦断勾配を変えるとしても、高速ではジャンプ台になっても困るから、相当に広範囲に影響を及ぼさなくてはならない。となると、やはり第一感としては、あたまを撥ねるぐらいでご勘弁を……。何とかお見逃しを……。しかしながら世の中はそう甘くは出来ていないものだ。

「これは国鉄だけでは決められないです。」

「はあーっ、なにか別にご事情が？」

「実は愛知用水公団の豊川用水の送水管（計画）が交差する。あいにくこの高さではピッタリ橋台のつま先にぶつかりますね。」（図26－①参照）

路線最大のコンクリート橋梁となったのも、このためのようであった。

なお、断面図のなかで用水管路の管の断面が楕円形なのは新幹線と直交ではなく、約五〇度で交差しているからである。

所長は愛知用水公団にも何度か足を運んだ。きっとサイフォンも不可能ではないしとか、変更による余分な費用は当社が負担しますからとか、オリンピックに間に合わせることが国家的事業の至上命令であり、是非ご配慮、ご協力願いたいとか、いろいろ協議、話し合いがあったに違いない。青二才の私には、そういう場に出る機会がなかったので想像するのみである。

結論はすべて駄目であった。もともと無理な要望だったことに間違いないが、相手もお役所であり、そう簡単に変更できる性質のものではない。あーあ万事休す。といっても本当に休んではいられないのだ。このために東京オリンピック（昭和三九年一〇月一〇日開会式）までの東海道新幹線の開業（昭和三九年一〇月一日）が遅れたりしたのでは、それこそ国家的恥辱である。本社からもえらーい人たちが心配して次々に見えた。会社創立以来のてんやわんやの一大事であった。全員一丸となって……国民学校のときに聞いたような演説調の話で激励を受けた。

(4) 対応策の検討

結局は最初から作り直すことになった。そうするしかなかったのである。最初からといってももっと面倒なことがある。それはせっかく造ったばかりの無用の橋台の撤去である。なにしろ一対で三〇〇〇立方メートルの鉄筋コンクリートの塊である。私はこのときの記録を残していたわけではないが、不思議に三という数字が頭の片隅に残っている。当時の金で三〇〇〇万円の損害、工期の挽回・間に合わせるためには三カ月の徹夜による突貫工事などである。

ところで、無用の「長物」いや「重物」はどのように処理されたでしょうか？ コンクリートは一立方メートルあたり二・三トンの重量である。三〇〇〇立方メートルでは約七〇〇〇トンである。ちょっとのみとハンマーで削《はつ》ってとか、クレーンで吊り上げてリヤカーで運び出すなんていうわけにはいかない。とても簡単に動かせる代物ではない。といってダイナマイトで発破をかけるのも大袈裟だ。二川のまちも近い。

結局は橋台の背後に穴を掘って両方とも仰向けに倒す、すなわち落とし穴に落ちていたのである。それとてたいへんな作業と思われるが、世の中にはいろんな商売があるものだ。こういうのを得意とする専門業者があるらしい。

最近テレビでときどきビルの解体のシーンを見るが、商売とはいえ実に見事なものである。真下に崩れ落ちるのだ。コンピュータ制御しているとか。建設はゼネコンなら、あれは処理コンとでもいうのだろうか。私は大きな墓石のような橋台が仰向けに倒れる瞬間を夢の中にいる感じで眺めた記憶がある。今もあれは夢だったかなあと思ったりしている。

(5)　後遺症

倒された橋台を後目に、基礎を新たに二メートル掘り下げて新たな橋台が建造された。精力的な建設作業の甲斐あって無事所定の期間内に無事完了した。あの橋の前後に「橋台」の「兄弟」が橋になりきれず、盛土の中の盛コンクリートとして静かに今も横たわっていることを知る人はだんだん少なくなってしまった。あれからちょうど半世紀、東海道新幹線は何ごともなかったかのごとく今日も走り続けている。

この件ではいくつかの後遺症を残した。費用や採算はいうまでもない。相沢工区長はその後胃腸の調子が芳しからず間もなく亡くなっている。私はこのときの心痛やストレスが尾を引いていたものと思っている。Nさんはその後もノイローゼ気味が治らないままに、結局退社されたそうだが、その後の消息は知らない。そして箱尺の読みの足し算と引き算を間違えたばかりに、大騒動の原因者となってしまった当の本人も、その後しばらくは勤めていたが、遂にいたたまれなくなったのか、間もなく退社したそうだ。

私は杉谷所長もこの一件でだいぶ寿命を縮めたのではないかと思っている。所長にはいろいろお世話になりながら、ろくに挨拶もしないまま退職してしまった。昭和四二年秋、私は日本住宅公団に転職し、首都圏宅地開発本部に配属になった。ある日ほんのちょっと席をはずして戻ったとき机の上に名刺が置いてあった。会社入社時にお世話になった小松原豊常務と杉谷晃さんの名刺だった。急いで周りを見渡しエレベーターホールも見回したが見つからなかった。久しぶりで会えるかもしれない唯一の機会を逸したのである。

小松原さんは直後に突然急性肺炎とかで他界され、杉谷さんもまるで呼ばれたようにまもなく他界された。

27　盲腸でダウン

腹の具合がおかしいので、金熊班の運転手の遠藤さんに車に乗せてもらって二川病院に行った。「これは盲腸だ。すぐに入院。」ということになった。だいぶ手遅れに近かったらしい。腹膜炎の直前という状況だったらしく、もう少し遅ければパンクしていたかも知れないと後になって驚かされた。当時は腹膜炎で死亡することが珍しくない時代であった。だから手術の時間も相当長く通常の手術時間の倍はかかったそうだ。これは退院した後に水足課長から聴いた話である。だから快復にも時間がかかってしまった。

思い起こすと盲腸の兆候があったのは、そのずいぶん前である。一年半ぐらい前の五〜六月（昭和三五年）頃、当時は未だ新入社員として始めて現場に配属されたばかりで、名古屋市の茶屋が坂の造成工事現場に居るときであった。後に玉野測量に移った入合猛氏の指導を受けながら一緒に測量をやっていたのであるが、突然腹が痛み出し、脂汗が出てきた。どうにも我慢が出来なくなって、近くの医者へ行ったのであるが、私も心当たりがないので何か食い合わせでも悪かったのかなと思い、結局のところ食当たりということになった。あれが実は盲腸の前兆だったのである。その後潜伏したまま気づかないうちに、体の中では着々と病状が進行していたのである。若いうちは元気に任せて無理をしがちであるが、気を付けなくてはいけない。最近は盲腸（虫垂炎）という言葉は聞かなくなったが、絶滅（？）したのだろうか？

ところで手術が無事終わった。執刀の先生はこの辺では有名な医者だったそうだ。術後病室に入れられたが、当日の夜はものすごい鼾《いびき》を発したようで、同室の入院患者にえらい迷惑をかけたらしい。もちろん私には全く身に覚えがない。「そりゃぁー。済みませんでしたなぁ。」てなものである。

生まれて初めての入院生活が始まった（この後現在に至る四〇年間以上入院経験はない）。当時盲腸での入院期間は精々一週間ぐらいで、もっと早まりつつあったようだ。ところが、私の場合は、前述のように相当悪かったので結局一八日間入院した。この間多くの人たちに見舞いに来ていただいた。日頃口の悪い連中も、あまり口を利かなかった女性達も見舞いに来てくれた。入院によって人情のありがたみを知った。

病室には四人ぐらいいたような気がするが、はっきりとした記憶はない。ただ、私と年齢が近く、地元の企業に勤めている青年がいた。

写真 27-①　現在の二川病院。平成 15 年 12 月撮影

「大島さんの会社はいいですね。」

「ほうー、なぜですか？」

「だって、会社の人たちが次から次とお見舞いに来てくれますよね。大会社はやっぱり違いますね。私の方は全然ですよ。」

「いやー、外見上はそう見えるかも知れませんが、本当はね。私の入院が普通より相当に長いんで、治っているのに、看護婦さんか入院患者の中で誰かいい女性をみつけてずる休みをしているのではないかとか、現場は忙しいんだから、早く職場に復帰しろとかいうデモなんですよ。」

「そうですかねぇ。そうは見えませんがねぇ。」

確かに、きれいな、若い入院患者がいた。血色も良くとても病人には見えなかったが結核だという噂を聞いた。朝夕の挨拶をする程度までで惜しくも終わってしまった。

退院した日は今も憶えているが、珍しくも相当に吹雪の強い日であった。東海道新幹線に平行して国道一号線が走っているが、その国道の付け替え工事の路盤工が最終段階に来ており、コンクリート舗装をする前の平板載荷試験（転圧の程度を測定する試験）の日であった。

「お前しかいないんだから、すぐに退院して試験をやってくれ。」とせかされおだてられて、退院即雪の降る測定現場に向かったのである。

戦地に向かう兵隊さんの心境というと、だいぶおおげさかな。

28　電柱基礎管の布設

通常の土木工事にあって、測量という技術は工学的にも、数学的にもそれほど難しいものではない。特に水準測量となると、箱尺という縦の物差しをレベルという水平のめがねを覗いて見るだけのものだ。ベンチマークという海抜いくらという既知の標準があって、そこに箱尺を立てて目盛りを読む。この数値を加えればレベルの器械高さになる。そのまま、すなわち器械を水平にしたまま未知の高さ、すなわち計画地点に箱尺を立てて目盛りを読みとり、それを器械高さから引けば計画地点の高さが分かる。何のことはない。足し算と引き算からのみ成り立っている。物差しを縦に、鉛直にして測っていると思えばよいのだ。もちろん、元の基準の潮位がどうとか、延長や範囲が広がると、地球の曲率が影響するとかになると面倒になるが、通常は平面と考えて差し支えないのだ。

もっと単純な測量がある。単に長さを測るだけである。小学生どころか幼稚園児でも出来るかも知れない。これで私は間違えたのだ。何という間の悪さ。これからの話は是非ともここだけの話にしていただきたい。内緒ですよ。

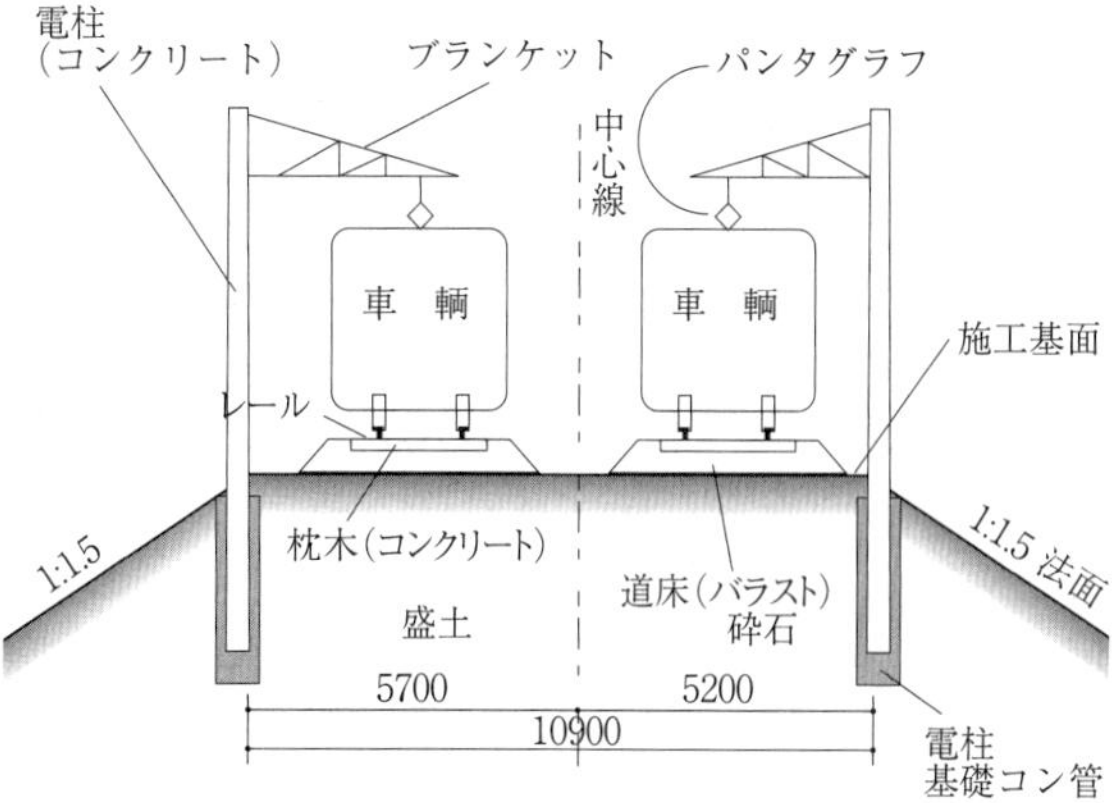

図 28-①　路盤工横断面　電柱・パンタグラフの模式図

鉄道に限らず、道路でも橋でも船でもテニスコートでも何でもよい。およそ対称的なものには、センターライン（中心線）がある。これは基準線ともなる重要な線であり、一般には二等分線である。ところが、新幹線の場合、センターラインといっていた基準線は直線区間の施工基面幅一〇メートル九〇〇のちょうど中央の位置ではなく、上りと下りのいずれだったかは忘れたが、センターラインから、法肩までの距離が、一方は五メートル七〇〇、他方は五メートル二〇〇であった（図26-①参照）。ようするに、幅の長さが上りと下りで五〇センチメートル違うのである。このことが、私の一生の不覚（ちょっとおおげさかな）を招くことになったのである。

図のように電信柱の設置位置はちょうど法肩に電柱の内側面と一致するように設計されている。電柱の設置にあたって、その位置に事前にコンクリート製の管を打ち込み、その中に突っ立てるのである。この管は内径が六〇センチメートルで、電柱の径は三五センチメートルだったように思う。だから、管の設置の精度もなんとミリ単位という厳格さである。センターからの距離いわゆる幅、延長方向の距離、さらには打ち込んだ管の傾きまでも、こんなにも必要かと思われるほどに規定が厳しいのである。

私は土工管理責任者ということで、主に盛土の材料試験や施工後の締め固め具合の検査などを担当していたが、暇だろうということだったのか、この電柱基礎管の設置工事を担当することになった。路線延長約一〇キロメートル、電柱の間隔は約三〇～五〇メートルである。両側に建てるので全部で五〇〇本ぐらいあったのだろうか。そのうちの大部分は直線区間であった。この工事には大型車の後ろにスクリュー型の穴掘り機を登載したカルウェルドという機械で法肩にほどほどの穴を掘り、そのあとヒューム管を建てて、デルマック（写真27－②・27－③）というハンマー（杭打ち機）で打ち込むのである。

ところで、ご想像の通り、私は一カ所だが、センターからの距離を上りと下りを間違えてしまったのである。ミリ単位どころか、五〇センチメートルもずれてしまった。言い訳

写真28-②　デルマック（杭打ち機）で路肩にコンクリート管を打ち込む。その内側に電柱を建てる

であるが、ホラ、右左と振り分けでやっていると、ついついうっかりすることもあるものだ。なんとか半分ぐらいは遊び（余裕のこと）があることでごまかせるが、正確に測定されるとなんとも致し方ないのだ。無事年末までに基礎管の工事が終了し、カルウェルド（孔掘り機）もデルマックも東京本社のモータープールへ返却し、私もおだやかな正月を迎える予定であった。ところが、何がきっかけかは憶えていないがほとんど唐突に、あそこの場所はひょっとしたら間違えたのでは……と思ったのである。昔から虫の知らせという言葉があったが、この場合まさにそれであった。まだ、検査は済んでいなかった。もちろん電柱を建てる工事開始も年明けである。私

写真28-③　電柱基礎管布設工事写真。機械の向こう側に立っているのが国鉄OBの杉山さん

は早速とるものも取り敢えず、一人でテープを持って確認に出かけた。ああ、神のいたずらか、予感が的中してしまったのである。工事をやり直すにはちょっと手戻りが大きすぎた。いずれにしても正月を前に事を荒立てることはない。とにかく年内はこのままで送ろう。何か名案はないか。私は悩んだ。久々の田舎での正月も陰鬱

なものであった。母や兄弟達はおおかた失恋でもしたんだろうぐらいに思っていたかも知れない。

年が明けた。昭和三八年である。悩んでいても管が勝手に動いて所定の位置に収まる訳ではない。結局、現状のままにして、あとで問題が表面化した場合には、その時点で別の修復対応を検討すれば良いんだと割り切ることにした。先ずは、わざわざ事を荒立てることもないので、検査担当の国鉄ＯＢの杉山さんに検測検査前に相談することにした。

「大島さん、悩むことはないよ。検査官だって見落としすることもあるからね。」

私にとって幸いしたことは、この杉山さんの言葉のほかにもう一つあった。それは間違えた箇所が丁度カーブの始まる最初の電柱の場所だったのである。電柱を建てる工事も引き続いてはじまった。ほとんどが直線区間であるが、市街地と違って電柱だけなら一直線に並んだ景観は素晴らしいものである。

ところで、ちょっと土木の専門的な話になるが、路線のカーブには単純には直線に円弧を繋げるだけのものなどいろいろある。高速道路などではクロソイド曲線と呼ばれる直線から曲線に移って直線に戻る間に車のハンドルの回転速度の変化率が一定になるような曲線が挿入されている。このお陰で快適な走行運転が出来ることになっている。これに対し鉄道の場合のカーブはハンドルを操作するわけでもないので、別の曲線が使われている。詳細な式は憶えていないが、確か三次放物線であった。

そういうわけで、カーブの場所が幸いして電柱が建ったあとも見た目には分かりにくかった。電柱が建てられたあとで、トロッコに乗る機会があった。幸いに丁度カーブの始終点だったので見た目にはほとんど気付かないぐらいだった。

世の中は東京オリンピックに間に合わせるために、もたもた考えている暇を与えず電柱は建つ、ブランケットを架ける、架線を張る。道床工事もバラスト（砕石）が敷かれ、コンクリート枕木が布設され、レールが敷かれ、いよいよ本物の電車を走らす前の露払いみたいなものでトロッコが走る。私も一度試乗させてもらった。パンタグラフが外れないように祈ったものである。（もちろんちゃんと調節できるのは当然であったが……）

間もなく、昭和三九年の初め頃だったと思うが、名神高速道路の最後の区間である一宮～小牧間の千秋というところの現場に転勤になった。東海道新幹線の開通直前の試乗に工事関係者として招かれた。名古屋～豊橋間を四〇分で走った。当時の名鉄特急が丁度一時間で走っていた。世は私の悩みなどに関係なく、高速時代に入っていた。

29　幼なじみの友情亀裂

電柱基礎管の施工にあたっての思い出がもう一つある。施工手順としてはまず測量で芯出しをする。位置が決まると、カルウエルドという機械で径約六〇センチ、深さ三メートル～四メートルの穴を掘る。大型のオーガーボーリングみたいなものでスクリューを回転させて土を掘り上げるのである。本社から粂芳雄さんという人がオペレーターとして派遣されてきていた。穴を掘ったあとは、デルマックというクレーンと杭打ち機を兼ねた機械が登場する。このオペレーターは現場に常駐の人であった。この際コンクリート管の運搬や台付け（ワイアの把手）を取り付けたり、所定の位置に据えるために鳶《とび》工が二人付いていた。したがって、測量係りの私を含めて五人一セットで施工していた。

なお、金額であるが、私の記憶では管の施工一本当たり、国鉄から元請けである会社には四〇〇〇円強（材料込みか？）、会社から下請けには労務費として一六〇〇円、下請けから酒井班には九〇〇円、酒井班の現場で働く鳶工は六〇〇円、したがって、一人当たり三〇〇円であった。国鉄の積算額のうちでは珍しくも割と儲かる仕事であった。

二人の鳶《とび》（鳶職人。烏《からす》という人もいたが）は聞くところによると、豊橋近辺の小学校時代からの同級生で昔から仲が良く、一緒に仕事をやってきていたそうだ。年齢は私（当時二五歳）ぐらいか、少し若いぐらいであった。

五人セットで順調に据え付け工事をやっていたが、ある日鳶工のうちの一人だけがやってきた。「おや、今日は一人だけかい。相棒はどうしたんだ。」と聞いたら「急用で休んだ。」とのことであった。その日は結局一人でやったのである。多い日で一日に二〇本を据えていた。したがって一本六〇〇円で、ひとりじめすれば一日で一万二千円稼げることになる。ちょっとした月給に近い。

その日の夕方だったたか、翌日だったたか酒井工長がえらい剣幕で私の所に怒鳴り込んできた。「なんで突然に電柱基礎管の工事を休む理由があるんだ。うちは鳶工を遊ばせることになるじゃないか。」と例の如く雷が怒鳴りわめく感じである。「おかしいなあ。私は休むなどといった覚えはありませんよ。この忙しいのに休んでる暇などないよ。雨の日だって施工できないことはないんですから。」というと、さっきの勢いはどこへやら首を傾げながら帰っていった。

翌朝やや遅れて現場に行くと、見慣れない鳶工が二人きていた。「おや?今まで来ていた二人はどうしたんだ。」と聞くと、言いにくそうに「二人とも入院しました。」という。まさか揃って風邪でもあるまい。子細を問いただすと、先日一人でやってきた方が、相棒に「明日は休みだそうだ。」と言ったらしい。そして自分一人で出て稼いだのである。少なくとも一日一〇本はやれるから、六〇〇〇円にもなる。二人なら三〇〇〇円になってしまう。当時私の一カ月の給料が一万五〇〇〇円ぐらいであったから、確かにボロ儲けである。

騙された方は腹の虫が治まらない。当然だ。永年のおつきあいもそれまでと、取っ組み合いの派手なけんかとなった。どっちがどっちか良く知らないが、常に枕の下に置いていたドスとまさかりで大立ち回りを演じた。二人とも相当な重傷を負い、当分復帰は無理らしい。それどころか命も危ないような噂であった。

まだ、後日談がある。間もなく工長が私のところにやって来た。

「大島さん、実はうちの宿舎で不祥事があって、人を交代せざるを得ないんだが、何とか内密にしてほしい。所長の方には未だ言ってないでしょうね。警察沙汰になるとたいへんだし……。」といってポケットから何か包んだものを取り出した。いわゆる口止め品である。立派なライターであった。「わたしは〝いこい〟だからマッチで点《つ》ける方が似合ってますよ。」と辞退したが、「まあ、そう言わず。」と押しつけられてしまった。当時はまだガスライターは珍しかったようだ。あれはどう処分したものかあまり使った覚えがない。

30　杉山茂さんとの縁

杉山さんは確か明治の四〇年頃の生まれである。学生時代の下宿先に居るときにあの関東大震災（大正一二年九月一日）に遭ってしまった。田舎へ帰省して東京へ戻ったばかりだったらしい。

偶々《たまたま》二・二六事件の時も東京にいて事件を目撃したそうだ。

「二・二六事件て、なんですか？」

「ええっ、知らないの？　あれは確か昭和一一年だったかな。」

「ハァー、私が生まれる前の年ですね。」

「ほぉー、大島さんは若くていいですな。うちの一番下の娘のチビと同じ年齢だ。」

その後、杉山さんは満州に行った。いろんな仕事をしたが、一時満鉄にもいたことが国鉄のOBとしてここに勤める機縁となったようだ。満州では、敗戦時はもちろんであるがいろんな経験をされたようだ。その話だけでも一冊どころか、数冊の本が出来そうである。私は知り合った時からそれらの体験談を聞くのが楽しみの一つであった。

私が電柱管設置の測量間違いを告白したとき、それを聞いての杉山さんの思い出話からである。

「戦時中はルールなんて無かったね。たとえば、軍部で遊びなどの臨時の資金を調達したいときは、中国人から馬を買うんだね。相場以上の金でね。もちろん実際は本当に必要なときしか買わないよ。それを内地に請求する。内地では「また馬を買ったのか。これじゃぁ兵隊よりも馬の方が多いんじゃないか。」などと不審に思ってはるばる調査に出かけて来る。

「いやー、伝染病にかかりまして、ばったばったと死にましてね。ほれ、この骨の山を見てください。」検査官は、腹の中ではなんの骨だか、どこの骨だかと思っていても反論のしようがない。

「ほら、怪しいとか、疑わしいときに、どこの馬の骨だか……というでしょう。」

「へぇー、これが語源ですか。なーるほどネ。」

似たような話であるが、工事現場の事務所から谷を隔ててトンネルの工事現場があった。吊り橋が両岸を結んでいた。あるとき会計検査で検査官がやってきた。検査官は事前の書類検査で、どうも火薬類や支保工材など材料費の支出があまりにも多いので自分の目で確

写真 30-①　愛知県と静岡県の境界の境川橋梁にて（向こう側が静岡県）。昭和 37 年 1 月末

写真 30-②　隣接，接近区間のため徐行中の東海道線の特急「富士」を背景に写真を撮る。運転手に警笛を鳴らされちゃった。岩屋下跨線橋付近にて。昭和 37 年 5 月 2 日

認が必要と思っていた。

検査官が購入した材料の数量検査をしようとすると、材料はみな既に対岸の工事現場に運搬済みという。どうしても確認をしたいとのことで、吊り橋を渡っていくことになった。前と後ろに案内人が付いて、検査官はサンドイッチである。先の案内人は慇懃に「揺れますからどうぞ気を付けてください。」などと言ってほくそ笑みながら出発する。ほどほどに渡ったところで、後ろの案内人が少しずつ揺らし始める。「検査官大丈夫ですか。これからが本格的に揺れます。今日は風が無くてまだ良い方です。」、「……」、「こんなところで足でも滑らしたら、一巻の終わりです。ご家族も無事お帰りになるのを待っていらっしゃるでしょうね。」てなことを言われると余計に足がすくんで動かなくなってしまう。「ちょっと身体の調子が悪いから、確認したことにして戻りましょう。」となる。

「そうですか。向こうで待機させているのにそれは残念ですなあ。」と今度は逆に検査官の背中に向かって舌を出しながら言う。帰りは静かにという訳にもいかないので、ほどほどに又揺らしながら引き返してくるのである。

検査官側も命がけである。今度こそはとっちめるぞ。次の年の検査官はどこでどう訓練したものか、サーカスで綱渡りでもやっていたのであろうか、吊り橋を渡って向こう岸に無事たどり着いた。

しかし、何という運の悪さであろうか、トンネル内で落盤事故に遭い、よりによって検査官だけが亡くなったそうである。くそまじめな検査官はまさに命がけだ。

杉山さんは子供が四人いた。日本が戦争に負けて引き揚げるときに奥さんが過労で倒れ亡くなった。三八歳だったという。荼毘《だび》に付す直前、最後の死に顔を見たいと思いながらも、どういうわけか結局出来なかったことがとても残念そうだった。したがって現在の奥さんとは再婚で子供はいなかった。昭和四〇年一〇月、私たちの結婚式は親類、縁者だけの質素なものであったが、杉山夫妻に仲人をやっていただいた。その後もずっと年賀状は欠かさなかったが、数年後喪中の葉書がきた。病気で入院中の杉山さんの看病疲れで、奥さんの方が先に心筋梗塞で亡くなったということであった。その後、よく杉山さんがチビと言っていた岐阜の娘さんの家に身を寄せて居られるときに家内と一度伺ったことがある。寿司をごちそうになった。「自分が本来先なのに二度も家内を亡くしてしまった。ショックだったね。」

間もなく、年賀状に代わってチビさんから「父は亡くなりました。生前はたいへんお世話になりました。」という丁重な便りが届いた。

31　所内旅行

今は社員旅行は少なくなったそうだ。休日までも返上して若い人たちが上司と一緒に行くのには抵抗があるらしい。しかし、この頃はまだ社員旅行は全盛時であった。東宝映画で森繁久弥、加藤大介、小林桂樹、三木のり平などが出演した社長○○記等のサラリーマンもののシリーズが大ヒットしていた。

この頃の社員旅行は一泊二日が標準で、土曜日に朝早くからバスを仕立てて出かけ日曜日に帰るものだった。バスが出発すると間もなくビールとつまみが配られ、一杯飲んで良い気分になったところでなまオケが始まる。カラオケはまだなかった。アカペラという言葉も一般的ではなかった。したがって、バスガイドのマイクを借りて自前で盛り上げるのである。仕事は抜きにして、こういうときに限って元気に張り切って隠れた能力を発揮するのがいるものだ。いったんマイクを手にするとなかなか離さないのもいる。「それでは皆様たいへんお待たせいたしました。」

「待っちゃーいないよ。」と言いたいところだが、まわりからは「待ってました。」と拍手が起こる。ただいまより歌の競演です。「最初に私が歌います。」ここが図々しいところだ。イントロが始まる。

「岡の小鳩か　小鳩の岡か　一世を風靡した　岡晴夫の名曲　啼くな小鳩よ。」とすっかり西村小楽天と岡《おか》っ晴《ぱ》るの気分である。そして「チャーラ　ラッチャララ　ラーラ……」とむちゃくちゃな前奏に続きひどい歌が始まる。やっと終わったかとホット胸をなでおろしているとお世辞なのか仲間なのか正常な判断力のない連中が「アンコール、アンコール。」と言ってはやし立てる。本人はお世辞とは気付かず「それでは、アンコールにお答えしてもう一曲。」と調子にのってしまう。何曲か歌い終わったあと「まだまだレパトリーはたくさんありますが、いっぺんに歌いますと後の楽しみがなくなりますので、今回は残念ながらここまでにして、次の方に……」何が後の楽しみだか、誰が残念がるのか、独りよがりもここまでくると幸せの極みである。

土運搬のダンプの運転手に柄に似合わずと言っちゃ失礼だが歌のうまいのがいた。「とりおろすパンツ」ではなくて、トリオ・ロスパンチョスなどが来日した頃だったのだろうか。ラテン系の音楽などをあちらの歌詞で唄って見せた。いや聴かせた。ふざけて唄うものもいた。石原裕次郎の「赤いハンカチ」がヒットしていた頃だったのだろう。ハンカチのと

写真 31-①　所内旅行。浜松市「聴涛館」にて。昭和 36 年 6 月 3 日

ころをふんどしと読み替えて、アカシアの花の下で、あの娘《こ》がそっと　まぶたを拭いた赤いフンドシよ……と唄って皆大笑いしていたものである。「あゝ上野駅」や「就職列車」など、地方から東京へと職を求めて集中していた。春日八郎や三橋美智也などの故郷を唄った歌の全盛期であった。また、当時はバスガイドなどはスチュワーデスほどではないにしても女性の憧れの職業の一つであった。

温泉や風呂に入って、夜の宴会が始まる。当時は無礼講といって、こういう宴会の席では身分や地位を抜きにして上司も部下もなく、楽しいひとときを過ごすことが出来た。日頃のストレスを発散できるようになっていたのだろう。でも、さすがに羽目をはずすと

写真 31-②　所内旅行。「日本ライン下り乗船記念」　昭和 37 年 11 月 4 日

あいつは酒癖が悪いとか、酒は本性を現すとかレッテルを貼られる。

宴会には芸者が付き物であった。一応は三味線や踊りが出来て当たり前であった。今は単にお酌だけのコンパニオンに替わったが当時はまだそういう言葉も無かった。お手前の出し物としては、唄、詩吟、踊り、手品、小話、落語、寸劇や少し品位が落ちるが野球拳、裸踊りやお座敷ストなど今日よりは盛りたくさんの感じである。

社員旅行は年に二回ぐらいあったような気がするが、あまり詳しい記憶がない。一度浜松（昭和三六年六月三～四日）だったか、岐阜の長良川（昭和三七年一一月三～四日）の時だったか定かではないが、看護婦の布施ちんさんが、部屋のなかで財布から一万円札が抜き取られていたというので、大騒ぎになったことがある。当時の一万円といえばちんさんの一カ月分の給料に匹敵していた。我々の給料袋も一万円札といえば全部で一枚、あとは千円札であった。課長クラスでも二枚が精々であった。

内部のものに間違いない。同部屋か間違っても社内関係のものである。ちんさんとしても必死である。ちんさんには小学五年生の男の子が一人いて田舎の山形の方に毎月仕送りをしていた。

まもなく、この騒ぎが杉谷所長の耳に入った。所長は直ぐにちんさんを自分の部屋に呼んだ。後にちんさんから聴いたのだが、所長はすぐに自分の財布からポケットマネーを出し、このような不祥事は所長たる自分の責任である。今回のことは不満だろうが、私に免じて穏便にしてくれないかと言ったそうである。ちんさんは憤懣《ふんまん》やるかたなく私には「杉谷所長にはお世話になった。でも、あれは○○さんの仕業に違いない。」といっていたものだ。

32　死亡事故

平坦地で、見通しが良くて、崖も激流もない。こんな安全地帯で事故が起きるなんて信じられないような気がするだろうが、油断大敵である。神様は安全の見落としを見逃さない。魔がさすこともあろう。

工事が始まって初めての死亡事故が発生した。法尻の侵食を防ぐための法止め工の掘削中に緩んだ地盤が崩壊し、労務者が一人巻き込まれていわば生き埋めのかたちになってっしまったのである。顔だけは崩れた土砂の上に出ているのだが、周りからの土圧のために胸が圧迫され呼吸ができないのである。見る見るうちに絶命したそうだ。さぞ苦しかったろう。

このような溝を掘る工事では通常、切張工や腹起工などの仮設工事で崩壊を防ぐ。私は事故現場を見ていないので詳細は知らないがその仮設工事をするための施工中だったのかも知れない。いずれにしてもイージーミスであることは間違いない。

亡くなったのは未成年者であった。学校の夏休みがはじまってつい数日前に九州から現場に着たばかりだったらしい。当時は九州や東北地方から多くの若者たちが出稼ぎに来ていた。

事故処理も現在とはおお違いの気がする。今ならテレビや新聞で大騒ぎされ、警察や労働基準監督署の応対でてんてこ舞いになると思われるが、当時はそれほど大騒ぎの気配は感じられなかった。

労働災害防止のための危害防止基準や責任体制の明確化を定めた労働安全衛生法が施行されたのはこのあと約一〇年後の昭和四七年六月である。

望ましくはないが連鎖反応という言葉がある。次に起きた死亡事故もやはりちょっとした不注意からであった。場所はよく知らないが下請けのどこかの材料置き場と聞いてある。クレーン車で木材を移動させていたところ、手元の労務者に当たったらしい。パネル（型枠）か丸太にぶん殴られたようだ。

連鎖反応はとなりの静岡側（湖西地区）の工事現場にまで移ってしまった。朝出勤のため荷台に労務者を満載した小型トラックが田圃道で溝にはまってひっくり返ってしまったのである。九〇度であれば飛ばされるぐらいで済んだのであろうが、運悪く裏返しの一八〇度までひっくり返ったのである。そのためにシャーシーというのか、いわゆる荷台の枠に一人の労務者が腹を轢かれてしまったのである。

　当時は労務者を宿舎から工事現場まで移動するのにこのような方法の送り迎えが普通であった。これも今は法律で禁じられている。

　そのつぎはやはり湖西地区で完成近い路盤の上で、どうしたはずみだったのだろうか、六〇歳過ぎの労務者がダンプトラックの後部車輪に巻き込まれて亡くなったそうだ。

　亡くなった人に対して失礼かとは思うが、そのときの葬式に参列した某関係者の報告談話を紹介する。聴衆は私を含めて五～六人である。

「いやぁーとにかく珍しい葬式だったよ。喪主の夫婦は両もらいでなあ。まあ、そんなことはないとは思うが、皆さんは両もらいだけはやめたほうがいいぞ。あの二人は義理の親父さんが死んでくれて、うれしくてうれしくて笑いが止まらないという感じだったよ。あれじゃ仏も浮かばれないよ。まあ、四百何十万かの生命保険や労災保険などの不労所得も入るし、香典や見舞金だって入るし、いままで育ててもらってこれから老後を控えて恩返しをしなくちゃならない時にちょうどおあつらえ向きに死んでくれて、まあーぁ何から何まで運に恵まれて笑いが止まらない。葬式場では不謹慎だから笑いを止めようと努力するのだがどうしてもこみ上げてくるうれしさを抑えきれず、まあ気持ちは分からんでもないが、こんな顔をして堪えているんだよ。」

と、彼は葬式での喪主の顔の表情を巧みに演じた。百面相のような笑い顔の表情に皆笑った。

「あ!あ、両もらいだけはするもんじゃないねぇー。」彼は締めくくった。

33　所員短評

黒後《くろご》さんは東京の〇〇工高出身と記憶している。大柄で一見小林旭風である。身体は大柄だがいろいろ細かいことにも気を配るほうだ。昔住んでいた家の二階から出勤する奈良光枝の姿が見えたもんだと言っていた。絵もうまい。特に風景画が得意であった。酒も身体に応じていくらでもという感じであった。麻雀はちょっと弱かったかな。

渋谷さんはやはり黒後さんと同じ〇〇工高出身でなんと同級生である。体格もがっしりして似ている。ところが酒の方は見かけによらずほとんど飲まないらしい。それなのに一晩で何万も平気で豪快に使ってしまうタイプである。何に使うかって、本人に聞いてみないと分からない。

小倉さんは九州出身であるが小倉ではない。確か大分県の中津市かどこかである。やや小柄である。就任早々まむしにかまれた。勝負事はやらない。その代わり酒が好きで楽しい酒である。私と同じ昭和一二年生まれである。

本田さんは若いのに温厚な紳士と言う感じである。小倉さんと同じ九州出身である。高校も同じで一年違いの後輩である。だから仕事もコンビでうまが合う。

坪井さんは昭和三六年度の新入社員である。だから、みんなに約半年遅れてやってきた。物怖じしないから将来の大物である。（実際に……）偶々私の大学の同級生の渋谷重信君とボートクラブで知り合いだったとか。新入社員の癖に囲碁も麻雀も酒も他にも強い。

小林さんは一卵性双生児の片割れである。小沢さんが蒲郡の海の家で片割れの他方に会ったとき、あまりにそっくりで区別が付かず、小林さんが健忘症になったと思ったらしい。まじめで、仕事一筋タイプである。

清田さんは几帳面なタイプで若い連中のまとめ役には適任である。私より一つ年上の昭和一一年生まれである。酒はあまり達者ではない。麻雀は好きである。所長や水足総務課長や女性職員からも信頼が厚い。後に知ったことだが、私の高校の一年先輩で、大学が同期の塚本栄治氏の奥さんの従兄弟らしい。

白井さんは主婦である。二〇代の後半ぐらいだ。出身は岩手県のだいぶ辺鄙《へんぴ》なと言っちゃ悪いがだいぶ山奥みたいな話だ。なぜそんな遠くからこんな遠くまでと思うが詳細は知らない。子供が欲しいのだが、未だその兆候がなくてあせっているところもある。ある日、突然に二歳ぐらいの可愛い女の子を事務所に連れてきた。「あれっ、白井さんいつの間にこんな可愛いこどもを生んでたの。」「ううん、遠い親類からもらったの。」「へぇー、よく手放したもんだね。」

それから、ほんの数日であった。白井さんは可愛い靴だけをもってきた。

「あれっ、靴だけでどうしたの？」

「昨夜やっぱり、可哀そうだから返してくれって言われちゃったの。靴を忘れていったからこれから届にいくの。」といかにも残念そうだった。その後子宝に恵まれていますように！。

大羽さんは工務事務をやっている。私の姉ぐらい（昭和一桁生まれ）と思うが未だ独身である。男嫌いというわけでもないらしい。「豊橋に美味しいなめし田楽の店がある。」と盛んに言うので何人か参加者を募って出かける。確か「菊宗」という名前じゃなかったかなあと思うが。昔遊郭があったといわれている東田の近くだった気がする。味の方は、面白い取り合わせだが、結構前評判も効いたせいか美味しかったのでその後も幾度か出かけたものだ。

34　法面保護の実地試験

国鉄では路盤工の法面の防護・保護に適した植生を調査選定することになり、局本部からわりと高齢の担当のひとが派遣されてきた。現地で実地にやるので適当な法面を選定し実験期間中提供してくれという。それだけで済むのかと思ったら案の定、ついでだからデータ収集と写真も定期的にとって、報告書のまとめもついでに誰か手伝ってくださいということだ。

なにが、どこがついでだというのか。

工務課長は「国鉄は金もみないくせに仕事ばかり増やしよって。」と機嫌が悪い。

「断ったらどうですか?」

「そうはいかないよ。相手は甲だよ。発注者さまさまなんだから。逆らっちゃ駄目だよ。」

「はあ、そういうもんですか。」

「そうだ。とにかくおまえがやれ。国鉄の担当のおじいさんとちゃんと仲良くやれよ。これもいい勉強だ。」

そういうわけで素人の私が手伝うことになった。一〇種類くらいの草の種があったような気がするが、要領や仕様書はもちろん報告書もないので、今や記憶だけが頼りであるが、それもあやしくなってきているところだ。

記憶にあるのはケンタッキー三六フェスク、ウィーピング・ラブグラス、クリーピングレッドフェスク、バーミュダグラス、クローバーなどである。

これらの種を実際の新幹線の法面に蒔いた。木屑その他の肥料、水遣りの程度などのバリエーションがあり、一平方メートルずつとはいえ、ちょっとした畑並みの広さであった。

所内旅行で名神高速道路をバスで走っていたとき、バスガイドが切土法面のウイーピングラブグラスの説明をしていた。法面に降った雨が表面を草を伝って降りるのが女性の「泣き濡れる愛の草」という感じにピッタリなのだそうである。

ロマンティックな話から一転色気のない土木工学の話になる。道路、鉄道、土地造成などの工事現場では切土および盛土による法面（土の傾斜面）が生じる。裸の法面は雨水で侵食され易いので表面を筋芝や張芝などの法面防護工を行う。ウィーピング・ラブグラスの播種工もその一つである。降り注いだ雨はグラスの表面を伝って落ちる。土の表面への浸透を遮断し、法面の排水を円滑にすることによって土砂崩壊・流出を防ぐものである。

わらぶき屋根も同じ理屈かと思う。また、植物の根は土の粒子に入り込んで繋ぐ力を補強することもあろう。

ということで、ロマンチックな「泣き濡れる愛の草」もこうなると味も素っ気も無くなるねぇ。

さて、データは提供したはずだが、この新幹線の現場では試験結果を反映したり、利用するには間に合わなかったようだ。あまりはっきりした記憶がないところからみるとどの草でも明確な差異はなかったような気がする。それとも熱意が不足だったのかな。

35　ダンプのスラローム

土を運搬するダンプトラックの運転手も楽ではない。土取場から盛土場まで動物園の檻《おり》の中の熊のように埃《ちり》をかぶって一日中行ったり来たりしている。舗装はない。信号はない。話し相手もない。ただ黙々とハンドルを握って車を走らせる。

たまには少しは変わったこともなくっちゃ、と思うのも無理はない。うなずける。でも、これは、非常に迷惑なのだ。これというのはスラロームである。

スラロームは本来スキー用語であって、ホラ！旗門の間を右に左にと回りながら滑降するものである。土木業界用語でもトラック業界用語でもない。私がかってに使っただけだ。

土木や建築の構築物には必ず基準になる点や線がある。中心線（センターライン）もその一つである。測量には欠かせない。盛土上には距離二〇メートルごとに杭が設置されている。この杭のまわりに注意を促すための保護ぐいと目印がある。土を運んだ帰り道は荷も軽い、というよりなにもない空っぽである。鼻歌でも歌うかそれとも、挑戦するか、となる。

運ちゃんの遊び心がえらい迷惑なのだ。トラックは図体が大きいから、たいていは後ろの車輪かその近くで引っ掛けてしまう。ただでさえそばを通るだけでも杭は動いてしまうのに踏み潰してしまうのだ。

とうとう堪《たま》りかねて下請けの社長に実情を訴える。遊び半分でやられては困る。今後絶対にやらないよう指導すること。悪質な運転手は即刻首、今後は杭の復旧費を負担すること。

下請けの社長は早速、食堂に運転手たちを集め訓辞を与えていた。杭の周りに釘を打ち込んでタイヤをパンクさせてやろうなどという物騒な案も実行に移さずに済んだ。もともと悪気があるわけではなく杭の重要性の認識がなかっただけであろう。

36　全員集合

食堂の戸ががらりと開いて清田さんの声が聞こえた。

「皆さん、突然ですが、六時半に事務所の入り口付近に集まってください。所長のお話があります。遅れないようによろしく。」

「へぇー、珍しいなぁー。いったい今ごろ何の話だろう。またお説教かな。」

「いや、ひょっとしたら特別昇給とか、臨時ボーナスとかの発表かも。」

「まさか、そりゃー、あるかなー。あればなー。」

期待を胸に集まる。神妙に演説を聞く。

「えぇー、みなさん日頃のお仕事ご苦労さまです。お蔭さまで工事のほうも、ほぼ順調に進んでおりまして、これも勤勉なみなさんの努力のたまものであり、ここに厚くお礼申し上げます。ところで今日集まっていただきましたのは、みなさんにお願いがあります。ご存知の通りこの工事現場に近接してたくさんのみかん畑があります。このへんは日本でも有数のみかんの産地であります。これからはいよいよみかんの収穫期に入ります。汗をかいて、ついちょいとという誘惑にかられることもあるかもしれませんが、どうか地元のひとたちの信頼を落とさないように、不祥事を起こさないように、これからも一人一人が自覚していただきたい。

　中国の文選の古詩に〝瓜田《かでん》に履《くつ》を納《い》れず、李下《りか》に冠《かんむり》を整《ただ》さず〟というのがあるのを皆さんも聞いたことがあるかと思いますが、どうか些細なことで変に疑われることのないよう、この新幹線というわが国の一大事業の名前を汚さないように、これからもみんなで頑張りましょう。以上。」


「えーと、臨時ボーナスの話じゃなかったな。」

「うん、結局はみかんを盗むなということだね。」

「みかん畑などぜんぜん無いじゃないか。」

「いや、湖西の現場の方にはあるんだよ。物理的には鉄道の路盤工で真っ直ぐつながっているからな。」

「それにしても、あの、最後のへんの〝かでんにくつをいれず……云々〟という諺は何だろう。家電は冷蔵庫かな。とすると、冷蔵庫に靴を入れず、床にどんぶりを落とさず……。ようするに、日頃からまじめに、気をつけて、規則正しい生活をするようにしなさいということなんだろうな。」

「まあ、そんなところだな。」

37　会計検査

工事区からこのたび会計検査があるので、粗相や失礼のないようにご協力くださいという連絡がある。片付けとか通行用道路の整備とか現場と図面との整合のチェックとかみんな緊張している。日頃威張るだけであまり手を汚さない国鉄の連中も人が変わったように自ら熱心にいろいろとやっている。

こんなにまで大騒ぎするほどにして迎えられる会計検査院というところのお役人さまはいったいどんな人なのだろうか。髭《ひげ》があるだろうか。現場には革靴で来るのだろうか。お付の人は何人ぐらいだろうか。

幸いに私の仕事は会計検査の対象にはなっていないようで、申し訳ないが高みの見物というありがたーい立場にあった。

当日がきた。検査官は一人だけであった。あとは国鉄の職員と国鉄から借りさせられた制服を着た当社の職員たちで一五人ぐらいがぞろぞろと金魚のうんこのように連なっている。

この人数の多さも、家来を引きつれた感じで、権力のバロメーターのように思う人もいそうだ。検査官自身はどう思っていらっしゃるだろうか。

検査官は背広姿ではなかった。ちゃんとした現場用の服装であった。ただ、路線の両側はほとんどが田圃であるから、言っちゃー悪いが、野良仕事を途中で切り上げてきたという感じもする。

小生も、枯れ木も山のにぎわいとばかりに行列の後ろについて参加した。

なにが検査の対象になっているのかよくわからない。とにかくスピードが速いのだ。次から次と場所の移動のたびに、金魚のうんこが一緒に大移動するのだった。

これが会計検査というものとの最初の出会いである。

38　幹線局からのご視察

会計検査のほかに日頃威張っている国鉄マンの緊張や大騒ぎするもう一つの行事というか、出来事というか機会がある。それは本局（ここの場合は名古屋幹線工事局）からの偉い人の出張、視察である。これもうっかり粗相があってはいけない。ミスをするとたいへんだ。下手をすると一生涯浮かばれなくなるかもしれない。まさかとは思うが、そう想像するだけでなんとなく落ち着かなくなるのではないかと勝手に想像している。

本当は偉い人は下っ端（これは失礼）のそのような心配や懸念は気にも止めていないものと思う。

さて、今日は本局から仁杉厳局長自らがが現地視察に見えるという情報だ。そうなると現場をあずかる当社としても知らぬ顔はできない。所長、総務課長はいつでも工事区からお声がかかれば出動、ご案内ができるようにと朝早くから車とともに待機中である。所長は待機中も工程表を見たり、図面を広げたり忙しい。

これは原則として書かない五〇年後の後日談である。当時の総務課長は語る。

「我々が現場に到着したら、〝あとは国土の所長さんに案内してもらうからもういいよ〟と言って工事区の連中をみな帰しちゃってね。残るのは局長と杉谷所長と私の三人だ。所長車も帰して、局長車に乗せてもらって、現場をざぁーっとそこそこに見る。〝所長さん、今日はちょっと付き合ってください。〟〝いやー、こちらこそ、お忙しいのに。〟〝蒲郡の三河三谷にしましょう。〟たんまりご馳走をいただいて、さて支払いをと思っていたら、局長は〝今日は私のおごりだ。〟といって自分の財布からポケットマネーを出して払っちゃったんだ。〝いやー、発注者から奢られるなんて聞いたことないねー。どんな理由が考えられるだろう。無事にい仕事をやってください。とか、オリンピック開催を控えており工期は厳しいけど是非とも守ってくださいなどかな。でもどれも契約書に書いてあることだからなあー、いずれにしても恐縮しちゃったなあー。〟

偉くなる人はどこか違うんだなあ。その後、確か鉄建公団の総裁、最後の国鉄総裁、西武鉄道社長などを歴任されたそうだよ。」

Ⅱ

湖西《こさい》出張所

39　冗談もほどほどに

夕暮れ時であった。私は事務所の入り口付近にひとりで涼んでいた。見慣れない人がおずおずと近づいてきた。

「あのぉー、ちょっとお伺いしますが、こちらに出口さんというかたがいらっしゃいますか?」

「はぁー、いまちょっと分かりませんが、どんなご用件でしょうか?」

「実は結婚の話なんですが。」

「はぁ?、そんな話は聞いたことがなかったですね。まさか入口さんの間違いじゃないでしょうね。」

「入口さんという方もいらっしゃるんですか。」

「ええ、そのひとは同じ国土開発の事務所勤めですが二川の事務所の方です。地元のかたと聞いています。まだ、独身のはずです。」

「車の運転をやっていらっしゃるそうですが。」

「えぇ、どちらも車の運転をやっています。出口さんは所長車の専属ですので兼務しています。入口さんはワゴンを運転しています。」

「出口さんはだいぶ年配の方ですか。」

「えぇ、もう相当なおじさんで、詳しくは知らないけど結婚してるんじゃないかと思うんですがねぇー。」

「あぁ、じゃー間違いない。その方です。どちらも再婚ですからささやかに目立たなく形だけの式を挙げようということになっています。」

「ほうーそうですか。で、その式はいつごろ?」

「明日です。」

「明日…?　明日ということはもう準備万端整っているということ……?」

とにかく本人を探し出さないことには話にならない。宿舎を探し回ったが、どこに雲隠れしているのか、どこにも見当たらない。

やむなく所長の部屋に顔を出す。かくかくしかじかですが、所長はご存じないでしょうか。」

「いや、そんな話は全く聞いてないいな。」

何で俺が探しまくらなくっちゃーならないんだ。結局、本人不在だからどうしようもな

図 39-①　湖西事務所（★印）。静岡県浜名郡湖西町坊瀬 57-1

い。即製の仲人らしき方にこの場はおとなしく引き取っていただいた（そういえば、二川にいたときもこれに似たようなことがあったなぁー）。

翌朝、早速所長室に呼ばれた。

「昨日の件はな。出口君に直接聞いてくれ。」

ご機嫌が悪い。そりゃそうだ。よく調べて、庶務にも相談のうえ報告すべきなのに、突然のことでやや動転しているとはいえ、所長も驚いたに違いない。ところで、当日さっそくとるものもとりあえずご本人を問い詰めてみた。なんとまあ、人の迷惑も顧みず、

「ああ、あれか、あれは酒のうえの冗談だったんだけど相手は本気にしたんだね。」

と涼しい顔をしている。

「九州に所帯をもっているんだが、家内と折り合

いが悪くて別れ話が進んでいる。いずれ離婚することになる。いい人がいれば再婚したいと言ったんだ。そしたら早速探してきたんだ。ああ、誰でもいい、女でありさえすればそれで結構と、そう言ってたんだよ。まさかそれを本気にしたのかねぇー……」とまったくのマイペースである。ごくありふれた作り話に引っかかるのが悪い（この場合の〝悪い〟というのは、運が悪いとか、間が悪いということか）という論法だ。

こういう人は悪気がないにしても、はた迷惑だね。幸せなもんだ。

40　オペレーターとの交流

今では信じられないことだが、鳴海作業所の工事現場では、夏の間は夜一〇時までスクレーパーやブルドーザーを動かしていた。騒音防止法も振動防止法もない頃である。土地区画整理地区内の反対者で住居の移転に応じない場合は家の周りを丸い堤防みたいに土を盛り立てて雨が降ればすぐにも崩れそうである。まいまいず井戸みたいであるが、底の家にはまだ人が住んでいるのだ。ひどいもんだ。

当時は国の経済発展のためには少々の犠牲はやむを得ないという考えが常識であった。だから、われわれは夜遅く仕事を引揚げる際に、道ですれ違う住民の方々から、「遅くまでご苦労さんですね。」という挨拶までされることもあったのだ。

時代背景はこのくらいにして、本題のイントロに移る。夕方になると小暮さんというオペレーターが運転するスクレーパーの助手席に乗る。私より二〜三歳年上だったと思う。土を削って腹（削った土を収容するところ）に収めるときや排土のときは慎重だが、土運搬のときは交通信号はないし、人もいない。その間に世間話やよもやま話をする。なんとなく気が合うのだ。

あるとき、小暮さんが「大島さんは大学卒だから英語が読めるでしょう。」と言う。

「まあ、簡単な英語ならね。」

「実は、オペレーターの間で以前から解明されていない問題があって、昨日もその話が出て、私が代表して今度来た大学卒の人に聞いてくるということになったんだけど……」

当時わが社の土木機械の大部分は、アメリカのキャタピラー・トラクター㈱からの輸入品であった。

まだ、国産の性能は低く、それが自慢でもあった。どの機械もわき腹に標語らしきものが書き入れてある。そのなかで特に多い「Never jump off while running」というような文であった。

「あ、これね、意味としては〝走行中の車両から飛び降りるな〟ということです。」

「えぇーっ、それだけの意味ですか。」

「そうです。それ以上の深い意味があるとは思えません。」

「もうちっと、〝人間は考える足（葦）である〟とかなんとか哲学的な、人生の教訓的な標語かと思いましたよ。」

オペレーターの間では永年の疑問が解けて「さすがエンテリはすごいね。ひとりで見つけたらしいよ。」とまるで謎解きみたいな扱いである。

まもなく東海道新幹線の現場に転勤になった。オペレーターのなかにも同じように転勤してきたのがいた。小生はここでもますます彼らに学者、勉強一筋家として扱われた。昔研究に没頭し過ぎて日露戦争が始まったのも、終わったのも知らない学者がいたとか。勿論冗談とは思うが。だから「大島さんはまだ筆下ろしをしてないでしょう。」などと平気で聞いてくるのもいた。勉強一筋のため野球のルールなども勿論知らないと思われていたらしい。

食堂にテレビが一台置いてある。プロ野球ナイター、プロレス、歌謡曲番組が全盛でチャンネル争いは殆どない。その夜は巨人―阪神戦であった。接戦のまま回は押し詰まっていた。私の記憶では確かツーアウトランナー三塁に長嶋、バッターは王だった。そんな馬鹿な、ON砲という打順だからあり得ないという人がいると思うが、多分そうなんだ。NO砲という時も確かにあったが……、まあ、それはどちらでもいい。

三塁のダグアウトから川上監督が現れた。バッターボックスの王とランナーの長嶋に向かって今で言うVサインをした（当時はまだ〝Vサイン〟という言葉は一般的ではなかった）。

写真 40-①　湖西出張所の仲間

わたしはその仕草を見て、すかさず「ああ、二塁打を打てというサインだな。」とわざとまわりに聞こえるようにひとりごとをつぶやいた。一瞬静寂が訪れたあと、やおらオペレーターのひとりが親切と優越感と憐れみと軽蔑などを複雑にない混ぜたような声で、

「大島さん、あれは二塁打のサインじゃなくて、ツーアウトだよというサインですよ。」

41　S運転手の目撃談

　ある初夏の夕方であった。入り口のカウンターのところで届いたばかりの夕刊をひろげていた。誰かがあわただしくやってくる。もどかしげに入り口の引き戸をがたがたと開ける。ワゴンの運転手の斉藤さんだ。相当に興奮している。

「やあー、忠さん、今良い光景を見てきたぞ。あれはめったに見れないなあ。」

「へぇー、いったいどこで何を見たというんだい。」

「あの坊瀬のトンネルを出たところでな。田植えをやっている女の人たちがなぁー。田圃の中でいっせいに小便をしてたんだよ。そこをちょうど通りかけたんだ。」

「ほうー、そりゃーいいな。どれ俺にも案内してくれ。」

「いや、もうとっくに終わっちゃってるよ。」

「そうか、じゃ明日にするか。」

「明日も駄目だね。あの分じゃ、もう今日のうちには田植えは終わっちゃうね。」

「そうか。こういうものは一期一会だね。来年じゃもう転勤になるかもしれないしね。」

「とにかくねぇー。あのお尻の白さは、ホラ、ゆで卵の殻を剝《む》いたときのあの白味のようにプリンプリンした感じが伝わってきたなあー。」

斉藤さんはよだれを垂らさんばかりの表情で、なんどもその光景を脳裏にかみしめ、ひとしきり感激にひたっているようだった。

それにしてもわき見運転で溝に落ちたり、電信柱にぶつかったりしなくて良かったね。

これはここだけの話であまり世の中で知っている人は少ない。特に女性は少ない。男性は多いかというともっと少ない。だから結局のところ殆ど知られていないので残念なことではあるが。

実はかつて私は、女性の公衆トイレの充実を提唱した功労者(?)のひとりなのである。ただ、世の中に認められていないだけなのである。

田圃や畑に公衆トイレを設置するわけにはいかないが、拙著『トーキング　オブ　ザ公衆トイレ』(平成元年発行)には公衆トイレ、特に女子トイレを充実することによって女性の外出する機会が増え、ひいては見栄や衝動買いなどによって(これは失礼!)、経済の活性化にもつながるという論を述べたものである。

写真 41-①　富山県快適なトイレ推進セミナー
基調講演をする著者　平成２年12月

平成三年二月、つくば市で開催された茨城県と日本トイレ協会主催の「観光地における女性トイレのあり方」などというさわやかトイレシンポジウムでは、日本トイレ協会の西岡秀雄先生（会長、慶應義塾大学名誉教授）を除いて、女性ばかりの中で事例紹介のレポーターとして紅一点ならぬ黒一点としてひとり気を吐いた？ようなこともあったような気がする。また、当時は出身地の富山県や滑川市でもトイレの講演をしたり、衛星テレビなどに出演した（写真41－①）。

Sさんはプロレスが好きだ。もちろん力道山である。力道山の不慮の死は彼にとっては相当なショックであった。田植えの光景だけではとても癒される状態ではなかった。

42　島田さんのパラオ体験談

「あーあ、豊山が肝心なところで負けちまって、しかもだらしない負けかただなー。せっかくここまできて……」と島田さんはぼやいている。大の豊山ファンである。久しぶりに大鵬と堂々と優勝を争う力士の出現に盛り上がっていたが、この一方的な負け方にすっかり冷え込んでしまった。解説者の神風も「この人は生まれつきの勝負師ではないんでしょうね。……」と言っていた。

島田さんはオペレーターから職員になった人だ。だから、苦労人である（のはずだ）。でも、そんなことはおくびにも出さず気さくに話す。

「いろんなところで働いたのでしょうが、どんなところ?」

「うん、パラオ島へいったこともあるよ。」

「ええっ、戦争でですか?」

「いや、戦後まもなくだ。チタンだかなんだか（筆者のうろおぼえ）とにかく希少鉱物資源掘りだ。炭鉱夫みたいなものさ。」

「へぇー一度行ってみたいナー。楽しいことがあったでしょう?」

「冗談じゃない。もうあんな経験はお断りだ。一度地元の女の子にちょっかいをだしたらアメリカ軍にえらい怒られて、一週間ぐらい食事がおあずけになったことがあったな。その間は草の根っこの柔らかそうなところとか、かたつむりとか、にわとりも追っかけたが、あれは飛ぶんでね。」

「ええっ、野生のにわとりがいるんですか?」

「そうだよ。逃げたあと樹のてっぺんでコケコッコーと馬鹿にしたようなあの啼《な》きかたが腹立たしかったなあ。野生でも啼きかた、鳴き声は同じだよ。でも、人間は同じと思っていてもにわとり語では〝まぬけめ!〟〝あほんだら〟〝ばかやろー〟〝ざま見ろ〟とかいろいろ使い分けがあるんだ。」

「へぇー、かたつむりはどうでした。エスカルゴみたいな高級料理の味でしたか。」

「とんでもない。これよりまずい食べ物はこの世にはないと思われるぐらいのまずい食べ物を、更にもうひとランクまずくしたような味だよ。」

「?・?・、どんな味なんだろう?」

「戦争末期には兵士の食料がなくて台湾からかたつむりを食料として移入したらしい。

写真 42-①　パラオ諸島　コロール島　戦前のハガキより

写真 42-②　パラオ諸島バベルダオブ島にある戦時中の日本人餓死者慰霊碑　江川卓氏のおじという方に案内された。　平成４年４月

繁殖力が旺盛で、自然環境も近い、手軽に捕まえられる。生食かさしみにでもできればもっといい。なんという名案であろうか。ところが思ったようにはいかなかったようだ。」

まずいばかりではなかったらしい。二千人のひとが餓死したといわれている。戦闘よりは食料不足の死者がはるかに多い。今も供養塔がある。

43　阿部ちゃんの事故死

阿部浩さんは同僚からは阿部ちゃんという愛称で親しまれていた。確か宮城県の山の方の出身だと思う。私より二つぐらい若かった。私は湖西地区の事務所には兼務を経て転勤してきたので、まだそれほど深いお付き合いはなく、これからのお友達という状況であった（私は呼称は社長、専務、部長、課長はたまーにあったが、ほとんどは○○さんで通した。したがって、ここでも阿部さんにする）。

阿部さんは湖西地区全線約六・七キロメートルのうちもっとも浜名湖に近い工区を担当していた。ある日、橋梁のアバット（橋台）工事のコンクリートの打設が深夜にまでおよんだ。夜の十二時を過ぎていたらしい。工期は至上命令みたいなもので、東京オリンピックに絶対に間に合わせなくてはならないから厳しいのだ。あとがつかえているのだ（ちなみに、東海道新幹線の開業予定は昭和三九年一〇月一日、そして東京オリンピックの開会予定は一〇月一〇日である）。当時は次から次と大きなプロジェクトが押し寄せていた。

コンクリートは一気に打設しなくてはならない。途中でやめて、〝ハイ！　続きはまた明日！〟というわけにはいかないのだ。夜遅くやっと終わった。阿部さんは一段落がついてホッとしたのだろう。疲れた身体で大好きなお酒を一杯飲みにひとり愛用のバイクで浜松へ向かったのであろう。

翌朝、始発の定期バスの運転手が瀕死の阿部さんを発見した。なんとも皮肉なことに、新設されたばかりの交通安全の標識にバイクを引っ掛けたらしく、バイクの傍に倒れていたそうだ。阿部さんとしては通い慣れた道だったはずが、全くついていなかったのだ。湖西病院に入院した。内臓破裂だったらしい。手術が済んだ時、われわれはまあ命だけは助かってよかった。いずれ時機を見てお見舞いに行こうという事務所内のムードだった。ところが、一週間ぐらい経ってあまり容態が好ましくないようで再手術をすることになった。

残念ながら阿部さんはその後も快復せず亡くなった。まだこれからの人生という矢先に二四歳の若さだった。

当時の鹿間総務課長が部下の職員に、阿部さんの田舎に住む遺族への通報を指示していたのを思い出す。まだ、事故にあったことさえも伝えてなかった。

「取りあえず、〝事故にあって病院に入院している。詳細は病院からの報告が入り次第また電話しますが、重傷のようです……〟」

覚悟を事前に伝える。一時間ぐらい間をおいて再び電話を入れる。

「容態が急変し、危篤の状態です。いちおう喪服の用意もお願いいたします。」

阿部さんの両親や兄弟たちがはるばる宮城県の遠くからやってきた。阿部さんは四男でほかにも女の姉妹がいるようだった。あまり手紙を出したりすることはなかったらしく、おかあさんは「浩はどんな仕事をしてたんでしょうか?」と尋ねたりしていた。

葬儀は盛大であった。特に参列者の顔ぶれである。たまたま静岡県議会議員と町議会議員の選挙があり、選挙戦は最後の大詰めを迎えていた。立候補者の先生方やその取り巻きの方々がたくさん焼香に訪れた。地元の名士や国鉄の方々の名前が進行係によって次から次へと読み上げられ、阿部さんの遺族も驚かれたに違いない。先のお母さんの質問も頷かれる。

盛大な葬儀が阿部さんへのせめてもの慰めであった。

44　マイ自転車

二川出張所に勤務していたときのあのバイク事故に懲りて、わたしは専用の自転車を買ってもらった。現場の見回りは専らこの自転車であった。二川工区はほぼ完了に近づき兼務辞令が解けて正式に湖西出張所専任となった。したがって、自転車も連れて引越した。

引越し先は事務所も宿舎も同じ、静岡県浜名郡湖西町坊瀬五七番地である。最寄り駅は東海道線の鷲津《わしづ》という駅である。国鉄の静岡幹線工事局もその近くである。駅前の商店街がいわば市街地だが、みつわ屋という喫茶店とパチンコ店があるぐらいであった。この喫茶店の女性はせっかく顔がきれいなのに愛想があまり良くないということであった。映画館はあったかどうか記憶にない。

わたしは当時これといってやることもないので、仕事が終わると時々パチンコに出かけた。今と違って一個ずつ玉を入れて指ではじくのである。だからちょっとぐらい負けても楽しむことができた。勝ったときはみかんの缶詰に替える。風呂あがりにひと缶ぐらいはビール飲みと同じ気分になって食べていた。

このささやかな楽しみのための交通手段はマイ自転車である。それでも一〇分以上はかかる。歩くにはちょっと遠い。バスは本数が少ない。途中は山道で暗い。

ところでマイ自転車には明かりの器具がついていなかった。二川出張所のときは夜につかうことがなかったからである。早速担当係のYに電灯を付けてくれということで頼みに行った。

「これはなぜ必要なんですか。」

「なぜって？　暗いと危ないからですよ。」

「今まで、二川のときは暗くなかったんですか。」

「夜は使っていなかったんです。」

「なぜ、湖西に来てから夜に使うようになったんですか。」

「まあまあ、本来自転車というものは明かりの装置があるべきものじゃないですか。」

「それなら、買ったときか故障したときに……。とにかく私用に会社の金は使えません。」

こりゃー、極めて難しいやと思って自分のポケットマネーで取り付けることにした。

それでもそう簡単には落着しないのだ。

「そもそも会社の財産である自転車に勝手に私物を取り付けるのが許されるのか？」

ああ、もう勘弁してくれよ！

※隙間を丁度埋める球の直径 d' は　$0.61d - 0.5d = 0.11d$

$$\therefore d' = 2 \times 0.11d = 0.22d$$

$$\therefore x方向 = 1, y方向 = \frac{\sqrt{3}}{2}, z方向 = \sqrt{\frac{2}{3}}のちぢまり$$

故に

$$m = \frac{1 \times \frac{\sqrt{3}}{2} \times \sqrt{\frac{2}{3}} - \frac{\pi}{6}}{1 \times \frac{\sqrt{3}}{2} \times \sqrt{\frac{2}{3}}} = 1 - \frac{\sqrt{2}\pi}{6} = 1 - 0.740 = 0.26 = 26\%$$

$$e = \frac{1 \times \frac{\sqrt{3}}{2} \times \sqrt{\frac{2}{3}} - \frac{\pi}{6}}{\frac{\pi}{6}} = \frac{1}{\frac{\sqrt{2}\pi}{6}} - 1 = \frac{1}{0.740} - 1 = 0.35 = 35\%$$

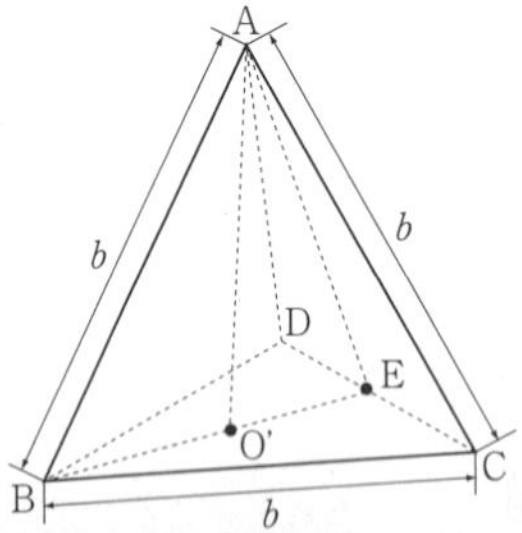

＊閑話休題(3)　球体の隙間

問：パチンコの玉が四角い箱にびっしりと詰まっている。あのくらい出せればなぁと横目に負けて帰る、わびしいねぇ。ところでパチンコ玉に限らないが、卓球の球でもゴルフの球でもサッカーの球でもよい。球が密集して身動きできない状況での空隙はどのくらいか。空隙率 m、空隙比 e を求める。

解：

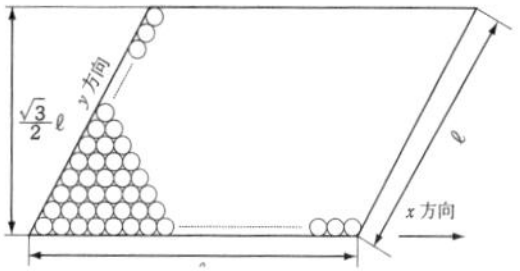

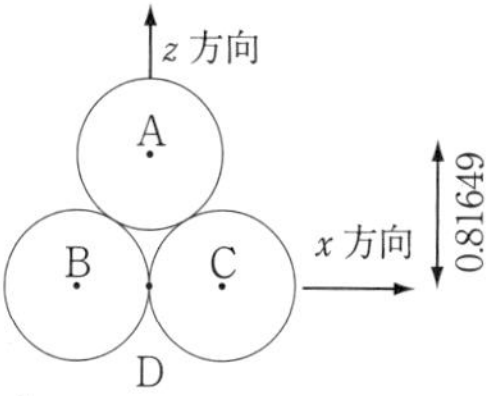

$\overline{AB} = \overline{AC} = \overline{AD} = \overline{BC} = \overline{BD} = \overline{CD} = d$

△ BCD において

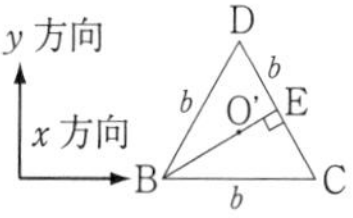

$$\overline{BE} = \frac{\sqrt{3}}{2}d$$

$$\overline{BO'} = \frac{3}{2}\overline{BE} = \frac{2}{3} \times \frac{\sqrt{3}}{2}d = \frac{d}{\sqrt{3}}$$

△ ABE において

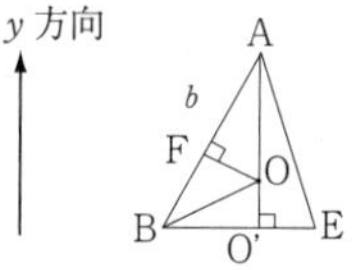

$$\overline{AO'} = \sqrt{d^2 - \left(\frac{d}{\sqrt{3}}\right)^2} = \sqrt{\frac{2}{3}}d = 0.81649d$$

△ ABO ∽△ AOF より

$$\frac{\overline{AB}}{\overline{AO'}} = \frac{\overline{AB}}{\overline{AF}} \qquad \therefore \overline{AO} = \frac{\overline{AB}}{\overline{AO'}} \times \overline{AF} = \frac{d}{\sqrt{\frac{2}{3}}d} \times \frac{d}{2} = \frac{\sqrt{6}}{4}d = 0.61237d$$

これを(1)' に代入して

$$h=\frac{A}{2\pi r}-r=\frac{A}{2\pi\sqrt{\frac{A}{6\pi}}}-\sqrt{\frac{A}{6\pi}}=\frac{2\sqrt{A}}{\sqrt{6\pi}}=2r$$

(3)よりVはrの関数であり、直径($2r$)が高さ(h)に等しいときVは最大であるとなる。

つまり、真横から見ると正方形に見える缶が最大容量と言うことである。

〔遠藤啓『数学入門（下）』155～6頁〕

＊閑話休題(4)　缶詰の缶の材料と容量

缶詰とか茶筒とか缶ビールとかの形は円柱である。そこで

問：缶詰の缶の容器の材料（ブリキ）の広さ（面積）を一定としたとき、中身の容量が最大になるのは高さと直径が等しいときであることを証明せよ。

解：

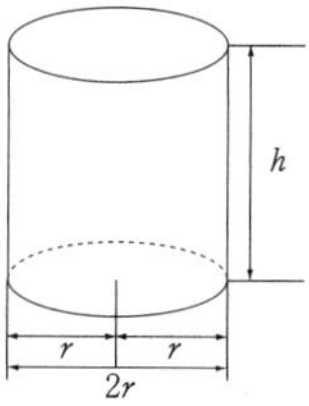

表面積A は

$$A = 2\pi r^2 + 2\pi rh = 一定$$

体積V は

$$V = \pi r^2 h$$

である。(1)より。

$$h = \frac{A}{2\pi r} - r \quad \cdots\cdots(1)'$$ を(2)に代入して

$$V = \pi r^2\left(\frac{A}{2\pi r} - r\right) = \frac{Ar}{2} - \pi r^3 = f(r) \quad \cdots\cdots(3)$$

これをrで微分して

$$f'(r) = \frac{A}{2} - 3\pi r^2 \quad \cdots\cdots\cdots\cdots(4)$$

これを0 とおいて変曲点を求めると

$\frac{A}{2} - 3\pi r^2 = 0$ より$r^2 = \frac{A}{6\pi}$で＋の解のみをとると

$$r = \sqrt{\frac{A}{6\pi}} \quad \cdots\cdots(5)$$

45　社内麻雀の衰退理由

現場での仕事を終えて事務所に戻る。今日の出来高をまとめたり、明日の朝の段取りを配下に指示したりして終了である。先に晩飯を食ってきた同僚に「今日のご馳走は何だった？」と聞く。「うん、今日は特製の猫跨ぎだよ。」「また、ねこまたぎかあ！」

ちなみにねこまたぎというのは、しゃけの塩焼きのことで、猫でさえも振り向きもせず跨《また》いで通り過ぎるというところからきた名称である。

晩飯のあとは風呂に入って自由時間である。麻雀をやったり、テレビのナイター放送で野球やプロレスを見たりする。

湖西の現場は二川と違って麻雀はあまり盛んではない。それには歴とした理由がある。麻雀での取り決めは、千点五〇円で、その日のトップが成果を保管し給料日が近づくと当該月内のトップ候補者が最終的に集計して、給料日に清算することになっている。

このルールがすんなり守られれば問題ないのだが、そうはいかない。自転車にライトを付けるのより難しいのだ。

ある月、清算に協力しないのが二人いた。ひとりのMさんは未払いの前科は二川時代から有名であったが、人柄なのだろうか、「またかあー」ぐらいで、むしろ同情されるぐらいだった。麻雀の清算よりは家賃とか、車や洋服のローンとか、他の人からの借金の返済とかで忙しいらしかった。麻雀代はあとまわしである。単に金にルーズなだけだと言う彼の先輩もいたが。

もう一人は例の人Yである。給料日当日はどんな顔をしているかと思っていたが何事もないように涼しい顔をしていた。こちらの方は同情する人はなかった。彼はその月は花札でも大負けしたがもちろんそれも踏み倒したそうだ。

踏み倒された金は誰がどう負担するかがまた問題である。「トップにかぶれ」というわけにはいかない。「久しぶりでトップになったら……」と泣きだされる。二位を狙ったほうがいいのだろうが、ルールのかく乱である。彼とやらなくてよかった。彼は金に困っているとは思えない。払わない理由は何だろうか。ひとり想像してみる。

「かけ麻雀は法律でも禁じられている。いくら約束事とはいえ公序良俗に反する取り決めは無効である。したがって、この麻雀代は払う必要がないし、あなたに取り立てる権利もない。」

「あなたは勝ったときは貰うのでは?」

「いただけるものはいただく。でも決して強制はしない。」

麻雀は娯楽でもあり親睦も兼ねている。この一件で麻雀をやろうという人はすっかり意気消沈してしまった。

46　住吉跨線橋《すみよしこせんきょう》

(1)　橋の概要

新幹線が浜松から浜名湖を抜けて湖西市に入ってすぐに東海道線と交差する。もちろん新幹線が上を通っている。ここに設けられている跨線橋は住吉跨線橋という。浜松と鷲津を結ぶ県道も東海道線と並行に走っているので跨道橋でもある。

橋はしたがってスキュー（斜め Skew 25度ぐらい?）である。スパン（径間）は全長で二五メートル～三〇メートルぐらいだったと思う。

主桁はプレートガーダー（鋼板桁）の上路橋である。工場で製作され現場に設置される。

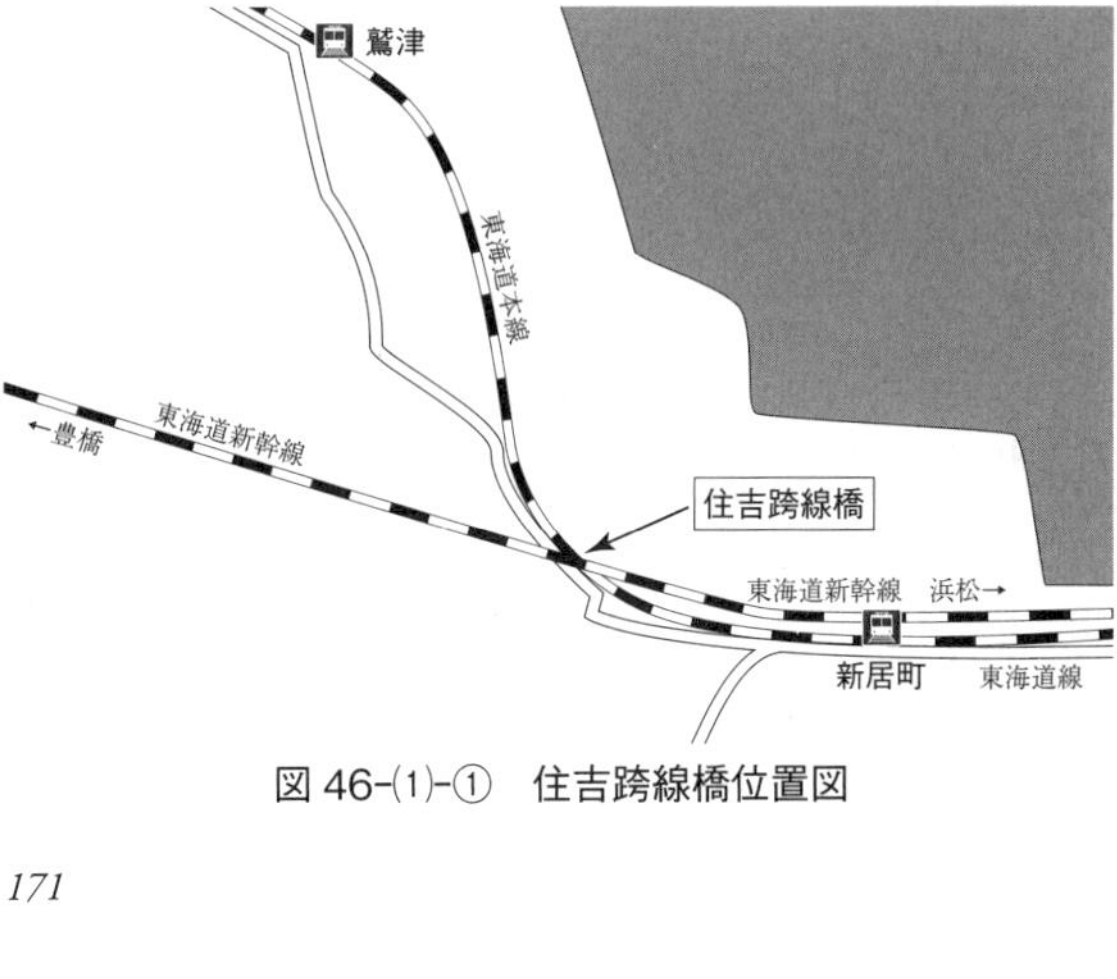

図 46-(1)-①　住吉跨線橋位置図

(2)　架設工法

架橋位置のアバット（橋台）およびピア（橋脚）は鉄筋コンクリートですでに完成している。東海道線も県道も活動しながらの架橋工事なので発注者の国鉄側はもちろん施行者の当社も神経を使った。当社としては初めての構造物らしい工事なので実績の積み重ねの絶好の機会であった。

下請けは幹線工事局にアドバイスをうけたりして確か旭建設とかいうところにお願いした。架設工法として手延機と呼ばれるトラスを組み立てたものを先頭にして後ろは台車（トロッコ）のうえにガーダーを取り付けてウィンチを使って押し出す、あるいは引っ張るもので、手延式工法という。

私もその後現場に出る機会が殆どなかったとはいえこの約五〇年間一度も見たことがない。その後ディヴィダーク工法などが普及したからだろうか。

工事は昭和三八年一一月一日準備万端手延機の引き出しが開始された。盛りかえがあるからすんなりとはいかない。二日がかりである。工事最高責任者の工事区長のお声がかりで一日目が無事終了した。二日目も朝早くから関係者が集まる。大きな事故ではないとしても、事故があったのは残念だ。無事桁がおさまってサンドルも撤去された。

写真 46-(2)-①　住吉跨線橋架設現場。左下は東海道線の特急こだま号　昭和 38 年 11 月 4 日

写真 46-(2)-②　手延べ機によるプレートガーダーの桁の引き出し中。　同日

(3)　請負工事指揮者試験

住吉跨線橋の工事にあたって元請からも国鉄の請負工事指揮者の試験を受けて合格して登録してもらいたい。請負工事指揮者は旭建設からでよいが、その代わり副工事指揮者は元請の国土から出すようにというお達しがあったそうだ。

「大島君、きみは副工事指揮者候補だから試験を受けて来い。入学試験に比べりゃたいしたことはない。」

「ええっ、入学試験並みですか？冗談じゃない。」

「心配するな。国鉄の人の話では、よほどの馬鹿でない限り受かるそうだよ。」

参考書もない。しようがないから、ぶっつ

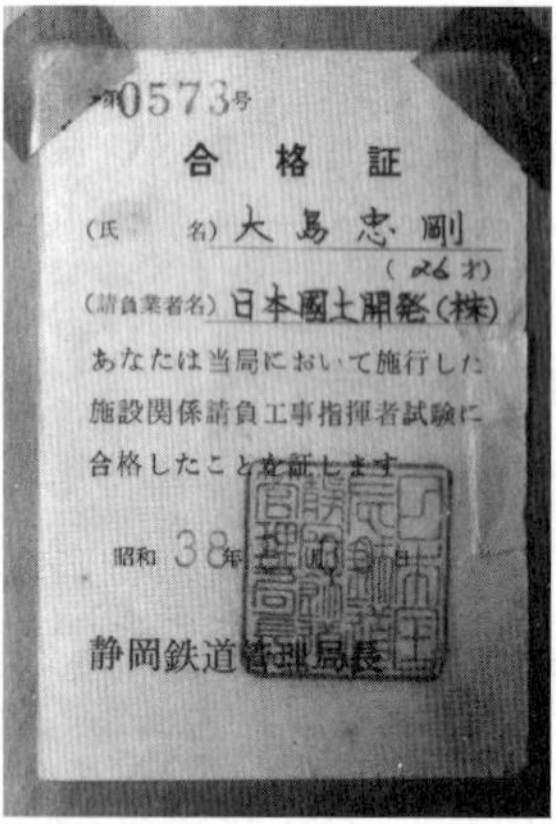

0573号

合　格　証

(氏　　名) 大島忠剛

(26才)

(請負業者名) 日本國土開発(株)

あなたは当局において施行した施設関係請負工事指揮者試験に合格したことを証します

昭和38年

静岡鉄道管理局長

写真 46-(3)-①　静岡鉄道管理局による施設関係請負工事指揮者試験合格証　昭和 38 年 8 月 30 日付

け本番で試験場に出かける。

エライ珍しい試験であった。試験問題は簡単なのだが、請負工事の指揮とどう結びつくのかが難しいのだ。問題は次のようだ。0～9までの数字がランダムにずうーっと並んでいる。隣り合った二つの数字の合計の下一けたの数字を2つの数字の間の下に書き入れよ、というもので、多分制限時間は一分間であった。

今もあの工事との関連が分からないでいる（写真46－(3)－①）。

(4)　事　故

その事故は一瞬であった。ウインチの反力を取るため豊橋側の排水側溝に穴を開けアンカーをとっていた。この穴が台付けのワイヤーで破壊されたのである。そのために台車が反動でバックした。各台車の各車輪にひとりづつこんな時の転げ止めのために配置されている。そのうちの一人が軍手を車輪に巻き込まれ右手の指四本が台車輪の下敷きになった。悲鳴を聞いてまわりから皆集まる。「ジャッキー、ジャッキー、五〇トンだぞぉー、早く早く。」

プロはこういう時でも手際よい。ジャッキーがきて台車がせりあがる。軍手もつぶれた指も一緒くたに抱えて病院に直行する。

湖西病院まで行ってきたという杉谷所長の話では、「大島君が事故に遭ったのではという話を聞いたのですぐに跳んで行った。君でなくてホッとしたよ。年齢も体つきも似てるからねぇー。治療するところを見たんだが、軍手のうえからそのままはさみを入れて切るんだな。骨はもちろんつぶれてぺしゃんこだが、指の皮というのは延びるもんだね。だらーっと長く垂れ下がるんだよ。未だ若いのに可哀そうだったなあー。」

私は彼と気軽に言葉を交わす仲であったのに、今は名前さえも思い出せない。彼の入院中にお見舞いにさえも行っていないのである。たぶん旭建設の職員の方だったろうと思う。いまさらながらその後のご健勝とご幸福を祈る次第です。

(5) 銘　板

国鉄から住吉跨線橋の橋脚の壁面に工事関係者の銘板を取り付けるので名前を載せるひとのリストを問い合わせてきたそうだ。

「ほうー、粋な計らいをやるもんだねぇ。さすがは国鉄だ。」

通常なら〝国鉄にしては〟と言いそうなところだが、一口入れてもらって村へ帰ったと

写真 46-(5)-①　住吉跨線橋の名古屋方の橋台に取り付けられた橋銘板の前にて

写真写真 46-(5)-②　橋銘板。昭和 39 年 2 月

きの自慢話の種にしようとの魂胆もある。

「事務系の人も対象かね。」「当然だよ。技術屋だけで仕事ができるわけじゃない。ひがまれるとかえってたいへんだ。」「死んだ阿部ちゃんの名前も入れて、天国への手土産になる。」

ところで、取り付け場所は橋のどのへんだろう。

地図で見るようにこの橋には橋脚が一脚あり、下をくぐる東海道線と県道を隔てている（写真46－(5)－①・46－(5)－②）。この橋脚の鉄道側に取り付けるという。これでは銘板のあることが分からない。電車の中からなら知っていれば一瞬見れるかもしれない。車の場合は近くに車を停めるところがない。だから、ずいぶん離れたところに停めて見に行かなくてはならない。銘板の下に着いてもやや高さが高い。自分の名前を確認するには踏み台かはしごが必要である。あるいは双眼鏡でも見れるかもしれないが、ひと苦労である。どうも元々目立たないように設置しようということなのかも知れない。やはり、村に帰ったときの手柄話か子や孫に伝え聞かせるための配慮か。

残念ながら今はもう錆《さ》びてしまって名前の判読はできないものと思われる。真鍮《しんちゅう》板ならもう少し寿命が長かっただろうけど……（写真46－(5)－③・46－(5)－④）。

写真 46-(5)-③　東海道線の車内前方から見た東海道新幹線の住吉跨線橋

写真 46-(5)-④　新幹線開通後、浜名湖方面から住吉跨線橋を渡ろうとする０系“こだま号”　昭和 40 年６月

47　所員短評

高橋守さんは会社創立の昭和三一年四月の第一回の新入社員である。これより古い人、年上の人は中途採用か、元特別調達庁からの天下りというか、要するにお役所廃止に伴う移動者である。仕事はベテランで明るい性格である。先輩ぶることはない。個人的にも、小生が会社を退職したあとも永くお付き合いをした。お世話になった。

平野明夫さんとは初めてではない。名古屋支店の鳴海作業所で一緒だった。小生がまだほやほやの新入社員のとき、測量の野帳の記入の仕方など仕事の基本的なことをいろいろ指導していただいた。私より一歳年上だが、高橋さんと同期でもなさそうなので、どこかから引っこ抜かれてきたのかもしれない。

田中伸一さんは、社長と同じ隠岐島出身である。ものごころついたときに、自分の住んでいる島よりもはるかに大きい本州という島があるのを知ってびっくりしたものだ、と回想していた。長男だったのだろうか、在職途中に退職して島に帰った。

関山栄子さんはきさくな現地採用の女性である。Ｙに頼まれて、Ｙの知人に地元のみかんを立替えて送った。Ｙに上級品でなかったとか、粒が揃っていないとか、恥をかかされたとか難くせをつけられて、結局みかんどころか送り賃まで代金を踏み倒されてしまったそうだ。気の毒に！

松本よし子さんはやはり現地採用の女性で、現在小生の家内である。まだ余生が残されており、差し障りがあるとまずいのでこれ以上の詳細は省略する。

小島弘三さんとは二度目である。私が初めて赴任した名古屋の茶屋が坂作業所で一緒だった。仕事もばりばりやるので、私がうろうろ、おろおろしているとはっぱをかけられた。絵がうまい。二川の黒後さんと同じ風景画が得意で画風も似ていた。

淺野さんは現地採用の女性で確かお母さんか妹さんが鷲津駅の売店に勤めておられた。一度数人で家に招待されご馳走になったこと。また、伊藤課長の肝いりで高橋さん、学生の実習生と五人で浜名湖へヨット遊びに言った思い出がある。

一度、そろばんのことで遊びのつもりで言ったことがえらい気に障ったらしく「そんなくだらないこと」と、えらくこきおろされたことがある（閑話休題(5)参照）。

＊閑話休題(5)　そろばんのくだらない遊び

問：そろばんがある。それぞれ11桁と23桁のそろばんであるが、何桁でもよい。1銭ナリ、2銭ナリ、3銭ナリ…と自然数（正の整数）を加えていく。
そろばんの容量を超えるにはどのくらい時間がかかるかという問題である。ただし1つの数字を加えるのに1秒の時間を要するものとする。

解：$1+2+3+\cdots+(n-1)+n=\frac{n(n+1)}{2}\fallingdotseq\frac{n^2}{2}$

nはものすごく大きい数字だからnと(n+1)は同じと考えて良い。ホラ、お小遣いが1億円と1億1円のどちらかと言われれば、どっちでもいいよね。
ところでそろばんの容量は桁数をbとすれば
$10^b-1\fallingdotseq 10^b$　……(2)である。ここでも−1などどうでもよいから10^bでよい。

故に　$\frac{n^2}{2}>10^b, n^2>2\times10^b, n>\sqrt{2\times10^b}$　……(3)

b＝11のときは

$n>\sqrt{2\times10^{11}}=\sqrt{20}\times10^5=447{,}200$ 秒 $=5.2$ 日

（∵ 1日＝86,400秒）

b＝23のときは

$n>\sqrt{2\times10^{23}}=4.472\times10^{11}$秒 $=5{,}176{,}000$ 日 $=14{,}180$ 年

3式から明らかなように2桁ごとに10倍になるから大変だあー。

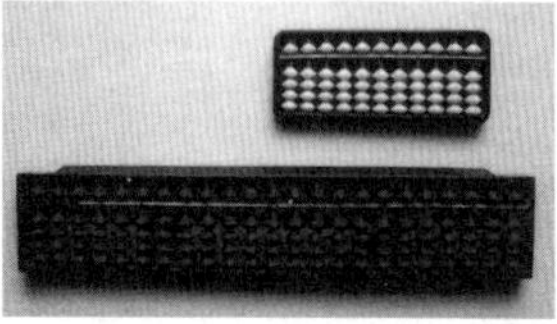

48　トロッコ乗りのお誘い

名古屋幹線工事局豊橋第一工事区から、路盤工その他工事が完了した。引き継いだ構築物その他の工事の、その後の進捗状況の視察をするという名目で、工事従事者をトロッコで案内したいという招待状が来た。

そりゃー楽しみだ。トロッコ（正式名称は知らない。トラックから来たらしい）に乗るなんていうのは初めてだ。今後ともお呼びがかかることはないだろうし、まして新幹線が開通してからでは保線員でもやらないかぎり機会はない。

路盤上はバラスト（道床）が敷かれ、コンクリートの枕木が敷かれ、標準軌間のレールが敷かれていた。また、路肩には電柱とパンタグラフと接することになるブランケットなどの電力・給電施設などが完成していた。例の電柱（二川28電柱基礎管の布設参照）はどうなっているかなということも頭をよぎる。

トロッコは運転手を含めて五〜六名ぐらいで定員である。

「ドアがありませんから、気をつけてください。浜松方向（起点）と豊橋方向（終点）をそれぞれ一往復いたします。」

将来の新幹線並みの時速二五〇キロメートルとは程遠いが時速八〇～一〇〇キロメートルぐらいで走ったような気がする。乗り心地も最高だ。レールの上を滑るように走る。あのガタン、ゴトンという音もない。二〇〇メートルものロングレールを採用しているからだ。レールは通常二五メートルの長さで繋いでいる。繋ぎ目はどん付けであるが、温度によるレールの伸縮があるので隙間があり、タイプレート（継ぎ目板）で繋いでいる。

このため、車輪が通過するときにガタンゴトンの音がするのである。新幹線では溶接によって継ぎ手を少なくするとともに、継ぎ手に改良を加えドン付けではなくすれ違い式になっている（正式の名称は知らない）。

颯爽《さっそう》と肩で風切る気分を味わう。殆どが直線区間なので、両側の電信柱が等間隔で整然としており、実に素晴らしい。どこかの世界遺産の古代都市の柱列みたいな感じである。

後に都市の景観の観点から電線の地中化とか無電柱化とかいわれているが、ランダムな建柱や蜘蛛の巣のような（蜘蛛にははなはだ失礼ではあるが）電線の張り方が目障りなのである。

同じような景色なのにいつの間にか往復してしまった。私が寸法を間違えた例の電柱は直線と曲線を結ぶ緩和曲線の始まりの区間にあるはずだったが、曲線区間もなかなかいいね、と思っているうちに通り過ぎてしまった。どれだったのかも分からなかった。

幸いに天候にも恵まれ、楽しいトロッコの乗車体験であった。

Ⅲ

千秋《ちあき》作業所

49　名神高速道路工事現場に転勤

昭和三〇年代は、わが国の経済が飛躍的に成長を成し遂げた懐かしい時代である。当時完成したたくさんの公共事業をざーっとみてみると、ダムでは佐久間、小河内、奥只見、田子倉そして黒部ダムなどが、トンネルでは関門国道や北陸トンネル、橋では若戸大橋、その他東京タワー、首都高速道路そして名神高速道路（尼崎〜栗東）および東海道新幹線など、まさに高度経済成長の幕開け、真っ只中であった。

昭和三〇年代最後の年、昭和三九年四月一日付けで小生は日本道路公団が施行している名神高速道路の最終区間である愛知県の一宮〜小牧間の一部千秋作業所（図49－①）というところに転勤になった。東海道新幹線と名神高速道路といえば、当時のわが国のインフラ施設の二大プロジェクトであり、高度経済成長の象徴である。

これのどちらにも参加できるということは、土木技術者にとっては光栄の至りのはずであった。しかし、当時の若かった私はそんなことは全く感じてもいなかった。また短期の転勤、移動が始まったかと思っていた。新幹線の事務所は本社直轄だったが、こんどは名古屋支店の出先ということで余計にそう感じたのかもしれない。事務所の名称も二川出張所または湖西出張所に対して、千秋作業所である。畑仕事並みの感じだ。まあ、余りたいしたことではないが。

工事区間は前述の東名高速につながる千秋工区という最終区間約一キロメートルで西松建設とのＪＶ（ジョイントベンチャー。共同企業体）であった。ＪＶのメリットは技術力補完、受注機会均等、資金融通とかいろいろ建前があるが、結局は単純に路線の距離を６：４に分けたようである。

工事内容は盛土工が主で橋梁が数カ所あったような気がする。直線区間のみで、しかも田んぼという平坦地だからあまり難しい技術は要らない。いかに早く、安く仕上げるかということになる。

盛土工事の作業としては、掘削、積み込み、運搬、土捨てが基本作業であるが、土捨てのあとは、敷き均しと転圧である。路盤が完成したあとは舗装であり、これは舗装業者の分野になる。

作業機械としては、土取場での掘削・積み込みはパワーショベル、運搬・土捨てはダンプトラック、敷き均しはブルドーザーまたはグレーダー、転圧はタイヤローラーまたはシメー

図 49-①　千秋作業所（★印）。愛知県一宮市千秋町小山

サーだったか、イタリア製のバイブレーションローラーも使っていた気がする。

工事が始まると先ずは工事用の道路を確保しなければならない。残念ながら土工定規の記憶がないが、両側の法面の法尻には側道があり、土砂Cという名称が付けられていた。法面勾配は1：1.8すなわち一割八分勾配であった（垂直方向1に対し、水平方向が1.8の勾配）。

土砂Cはいわゆる山ずりという土砂で尖った岩くずみたいなのが結構入り込んでいた。そのためにダンプのタイアが切れてパンクすることもあった。「もっと安全な道路にしろ。」と運転手に怒鳴られることもあった。彼らにとってはこんな時のタイアの取替え費用はほとんど自己負担である。だから、その日の水揚げが一瞬にしてパァーとなる。一匹狼というか、社長兼運転手が多い。

盛土工事の進捗管理は、ダンプトラックの運搬経路の途中にある計量所で、かんかん（検貫?）とかいう、でかい体重計みたいなのがある。そこで総重量を計量する。その総重量からトラックの自重を引いて、土の正味重量を算出する。その伝票を運転手から受け取り、確認の印を押して渡す。重量から体積への換算は、別途締め固め試験により、単位体積重量（1.7t／㎥～1.8t／㎥など）が求められている。このようにして重量を体積に換算するのだ。

また、品質管理については、前述の締め固め試験や、突き固め試験（最適含水比、最大乾燥密度の測定）その他の土質試験を実施する。また、現場で実際にローラーを運転し、表面が波打っていないかを目視したりするのである。これがまた厳しいんだ。

私は土工事管理者ということで拝命を受けた。小島邦男氏（通称、小島のお父《とう》）とコンビである。小島さんは機械屋さん出身で、実直で明るい人柄で、新幹線の現場でもいろいろお世話になった人である。確か大正の二桁生まれだから当時は四〇歳ぐらいだ。でも外見はもっと高齢に見えた。

写真 49-②　名神高速道路工事の一宮～小牧間の路体工事でタイヤローラーによる転圧作業に従事していた頃の筆者の勇姿？ダム建設の狭隘なところで活躍していたため運転席は 180 度回転することができる。昭和 39 年 6 月

写真 49-③　路体の土砂を運び入れるダンプトラックを背景に。昭和 39 年 6 月

お父にはタイヤローラーの運転管理などいろいろお世話になった。お蔭で専任のローラーのオペレーターが来るまで半年ぐらい、タイヤローラーを自ら運転した。数少ない当時の写真のなかで、珍しい名神の工事に従事していたという証拠写真（?）がある（写真49－②・49－③）。

50　石山寺詣でとおみくじ

東海道新幹線の試乗に招待されてまもなくである。ＪＶを組んでいる西松建設のＳさんに「我々は工事の出来が良くないとか、もうちょっとで合格（結局はやり直し）とか日頃、日本道路公団から厳しい指導を受けているが、たまには西の方の開通しているところへでもご招待していただいても罰が当たらないと思うがどう思いますか。」

「うん、そりゃーいいね。じゃー大島さん、公団と話をまとめてきてくださいよ。」

「いやー、こういう交渉は苦手でね。もう少し押しの強い人でないと……」

「じゃあー。だめもとということで言ってみるか。なにしろこちらの勝手なお願いだからな。」

そんなわけで道路公団の○○さんにあたったようだ。

「うーん、簡単ではなさそうだけど、一応上司に相談してみましょう。」と言ってたよ。

やはり、待ってましたとばかりの打てば響く太鼓の音というわけにはいかない。しかし、駄目というわけではない。〝待てば海路の日和あり〟である。

まもなく関係者で開通済みの区間を見学することになった（当日の写真の裏に昭和三九年九月二二日とある）。物見遊山ではない。あくまでも、視察である。完成し、供用開始している施設を見学し、必要に応じて改良を図るなど、今後の技術の向上に寄与する。そのための現地視察である（こんなことにも大義名分が要るのだ）。

なお、途中ついでに、昼食休憩やトイレタイムを利用して紫式部が琵琶湖に写る十五夜の月を見て源氏物語を書いたといわれる石山寺などを見学するということになった。

私は工事中の名神はその三年ぐらい前の昭和三六年七月に、当社で請け負っていた長岡という地区の視察に行ったことがある。所長さんは河内山そうしゅんという有名な人（何で有名だったのか私は知らない）と同姓同名であった。未だ工事最盛期だったという気がする。完成した区間を走るのは初めてである。いよいよ高速道路の時代がやってきた。一方では高速鉄道（新幹線）も計画されている。

ところで、石山寺（滋賀県大津市）にやってきた。清水寺（京都）、長谷寺（奈良）にならぶ観音霊場だそうだ。また、源氏物語ばかりでなく、いろんな古典文学に登場している

写真 50-①　日本道路公団、西松建設(株)、日本国土開発(株)の呉越同舟？で開通間もない名神高速道路を視察。ついでに石山寺に参拝、祈願。昭和 39年 9月 22日

写真 50-②　大本山　石山観音の入場券。同日

らしい。紫式部もずいぶん暗いところで小説を書いていたんだなあという感想、記憶しかない。おみくじはあまり買う習慣がなかったので買わなかった。

事務所に帰った。石山寺にも行ったことを所長に報告した。

「ところで、おみくじはみんな買ってたかね。」

「いや、私は買いませんでした。」

「ああ、そりゃ賢明だ。わたしはえらい目にあっている。」

「えぇっ、どうしたんですか。」

「おみくじというのは、ほらっ、吉とか、大吉とか中吉とかが多いだろ。あそこのは凶が多いんだ。こんなはずはないとまた買い増しすると、また凶とか大凶がでるんだ。ひでぇもんだ。文句を言ったら、日を改めて来たほうがいいかも、などとぬけぬけと言うんだよ。驚いたなあ。」

「宝くじでも買った方がましか。」

51　チンピラの空振り訪問

ガラーッと事務所の戸が開いた気がした。しかし、しばらくなんの音沙汰もない。おかしいなと思って入り口の方に顔を向けるとそのトタン、

「お控えなすってぇー。」

と声が聞こえてきた。人物がやや小柄だったのと、カウンターの蔭で小生の机からは死角になっていた。そのあとは例の如く、拙者はどこそこの生まれで、どこそこと言っても広うござんす、とか、聴きもしないのにどうでも良いながーい自己紹介が続く。それが一段落すると、

「この度はこの地域の名神高速道路の工事にあたり、このようなご立派な事務所を開設されましたこと、まことにおめでとうございます。こころからお祝い申し上げる次第でございます。」

ああこれがやくざの啖呵《たんか》なのか。映画ではときどき聞いたが、これは初めてのことだわい。いったい所長や高松さんはどう対処するんだろうと、怖さと成り行きへの期待とが半々

の気持ちでいた。

そうだ。最初に紹介すべきだったが、事務所内の配置である。単純な長方形の木造平屋建てである。長手方向のまんなかに正面入り口がある。カウンターがあって所長の机がある。普通は所長室が端っこの方に仕切られて設けられるが。遠藤所長はこの隔離されるみたいなのが気に入らぬらしい。所長の右側に総務主任の高松さん、左側に公務主任の森本さんが控えている。

余計なことだが、高松さんはだいぶ耳が遠い。特に右耳が遠いようだ。そのためかどうかは分からないが左の耳たぶのほうが大きい。

ときどき所長が普通の声で話しかけると、大袈裟に身体と首をひねって「はぁー。」などと言って大きな左の耳を向けている。その仕草がいかにもわざとらしい。都合の悪いはなしのときにわざといやがらせにやってるのではないかと疑いたくなる。そんな時は所長はますますいきり立って声を荒げる。よくできたコンビだ。まあそれはどうでもよい。

話を元に戻そう。

というわけで所長はこの招かざる侵入者の啖呵を背中にしばし聞いていたわけである。

一段落がついたところで、百戦錬磨の所長がやおら立ち上がって向き直った。やっとお小

遣いにありつけるかとホッとしたような、心配そうな表情の顔面にまともに向かって、

「おいっ。チンピラッ。ここはおまえの来るところじゃない。見逃してやるからさっさと帰れ。まじめに働き口でも探せ。分かったか？」

と例のどでかい声で吠えたもんだから、日頃から聞きなれていないチンピラはこの一喝でびっくりして縮み上がってしまった。当然のことながら、交通費（車代と言うこともある）ももらえずに、最初の威勢はどこへやら尻尾を巻いて逃げるように帰っていった。

さすが所長の親父さんは元陸軍中将と伺っていたが、所長も肝が坐っているわいと感心したものである。

52　Bの血判書

夜もだいぶ更けてきた。宿舎は二階建てのバラックで、小生の部屋は階段を登りきってすぐのところにある。誰かが階段を登ってくる。足取りが怪しそうで完全に酔っ払うには少し足りないかなと思わせる音とリズムである。誰だろう、今ごろうるさそうなやつだと、警戒していると、案の定、ドアの前で足音が止まった。ガタガタとドアを無理やり開けた。名前はいまは忘れてしまったが、ブルドーザーのオペレーター（運転手）である。仮にBという名前にしておこう。

Bは昼間はおとなしく　仕事もまじめな方でわたしの指図には忠実にやってくれていた。しかし、酒癖が悪いのである。だから、昼間のおとなしいのも本性を隠していて、腹の中ではなにを思っているのか分からない人物である。

入れとも言わないのに、勝手に部屋に入り込んできた。うつろな目で部屋の中を見渡し、「何しに来たんだ。」というわたしのことばを無視して、隅にあるりんご箱を重ねた本箱を指差して「おれはこんな本が大嫌いだ。こんな本を読むやつも大嫌いだ。上品ぶりやがって……」と当たり始めた。

どんな本があったのか忘れたが、主に土木の専門書だったろう。

「なんの用事だ。」

どうせ酒代にきまっているとは思っていたが、案の定「金を貸してくれ。」という。

「金はない。給料日までは未だ遠い。」

「ほんの少しでいい。三千円でいい。」

「三千円などあるわけがない。」

「じゃ、二千円でもいい。」

「二千円もないよ。」

「じゃ、所長から借りてくればいい。」

「冗談じゃない。何時だと思ってる。所長はもう寝てるよ。お前が社長（下請け会社）から借りればいいだろ。」

と話しているうちに、Bの目付きがおかしくなってきた。

「おまえは俺のことを甘く見てるんじゃないか？ おれはな、いままで何回も傷害事件を起こしている。おまえみたいな、いけ好かないやつの一人や二人殺すのはなんでもないんだぜ、死にたくなかったらおとなしく金を貸せ。」とか、さんざんに難癖をつけてほざきはじめた。

こんなのと口論していてもしょうがない、相手をしていては時間の無駄だ。昼間がおとなしいだけに不気味なやつである。君子危うきに近寄らずである。

「じゃぁ、借用書を書いてくれ。」と言ったトタン、Bは突然指を咬みはじめた。はじめは何をやっているのかと目をみはっていたが、

「今度の給料日には絶対に返す。その保証に血判書を入れる。これこの通り。」

とわたしが書いた借用書に署名し、咬んで血の滴っている小指を自分の名前の下に擦り付けた。

血判書とはちょっと大袈裟かとは思ったが、それほど返す意志が固いのであろうと少しは安心していたものである。

下請け会社の給料日がやってきた。現場でBに会った。「今日は給料日だってね。」と暗に催促したつもりだったが反応がない。夕方飯場に戻ったところでまた催促してみたが返事があいまいだ。いっこうに返す気がなさそうだ。翌日になった。何の挨拶もない。数日経ったところでこのままでもみ消しにされてはかなわないと、例の血判書を持って遠藤所

長のところへ相談に行った。所長は気が早い。

「高松さん、金熊の〇〇にすぐに来るように。」と下請けの社長を呼びつけた。下請けの社長はなにごとぞとおっとり刀でやってきた。所長は聞こえよがしではなく、とにかく地声が大きいのである。事務所の端までひそひそ話が響き渡る。

「すぐに返すように。」「ゆすりや恐喝と同じ。」「会社の信用に係る……。」などの言葉がいろいろ聞こえてきていたようだ。

社長は二千円のポケットマネーを置いて恐縮して帰っていった。数日してブルドーザーの運転手は交代した。

わたしが思うにBは給料も前借りで、返すにも返されず火の車のやりくりだったのではないのだろうか。

次から次と借りて渡り歩く。それでもなにか腕におぼえがあれば、何とか生きていけたのだ。

それにしても血判書の権威というか信用というか、全く地に落ちたものであった。

53　財布の点検騒ぎ

昼食の時間であった。食堂に隣接して二人のおばさんの部屋があった。白いおばさんは血相を変えていた。黒いおばさんも顔面が赤黒くなって、見るからになにか一騒動があったことを予感させていた。二人は食堂に飛び込むや否や、白いおばさんがまずは第一声を揚げた。

「みなさま！お食事中のところ突然お邪魔いたします。ただいま皆様のまわりでたいへんな不祥事が発生いたしました。」

「あんた、やめてよ。」

「いや、こういうことははっきりしておかなくちゃ。今後のこともあるし。」

「みなさま！　ただいまわたしが用事で部屋に戻ったところ、このおばさんが部屋の中にいてなんと私の財布を勝手にあけて一〇〇円抜き取っていたんです。」

「抜き取ってなんかいないよ。いくらぐらいあるか中身を見てみただけよ。」

「何のためにひとの財布の中を見る必要があるの？　みなさま！　どうぞくれぐれもお金

を盗まれないように気をつけてください。」

大きな声を張り上げて溜飲《りゅういん》が下がったか、白いおばさんは勝ち誇ったように悠々と引揚げていった。そのあとを黒いおばさんはきまり悪そうについていった。

あまりあとくされがあってはおたがいにまずいことはわかっているのだろう。その後は何事もなかったかのごとく、おばさんたちは少なくとも表面上は仲良く見えた。

54　白いおばさんの飛び入り

一日の仕事が終わって夕食を食べ、寝る前に風呂に入る。至福の時である。その日は偶々《たまたま》仕事を早めに切り上げ、若者ばかり三〜四人で風呂に入っていた。

脱衣場のドアの音がして女性の声がしたような気がした。あっと言う間に、という表現があるが、まさに一瞬のうちに浴室の戸が開いて、

「入っていい？」

という自らの問いの返事も聞かばこそ、スッポンポンの白いおばさんが、堂々と浴槽に向かってきた。歳の頃は現在の言葉で言えば〝アラフォー〟というところであろうか、旬は当然過ぎてはいるが、まだ少々はお色気というか、賞味期限というかいくらか残されているという感じであった。

皆はすっかり緊張してしまった。

「今晩は。わたし今日は忙しいの。これから(黒い)おばさんと一ノ宮へ買い物に行くの。」

「そういえば、黒いおばさんはどうしたの？」

「あのおばさんはね。風呂に誘ったけど、年甲斐もなく恥ずかしがるのよ。ふん！どうせ男か女の二種類しかないのにねぇ。」

白いおばさんは周りからの注目の視線とお湯を浴びながら、あたかもあのオルセー美術館（パリ）にあるアングルの「泉」に画かれた少女のようなポーズで、これ見よがしのごとく見せびらかしたあと、

「じゃあ、お先に。」

と言って、楽しそうに出かけていった。

「混浴っていいもんだね。」

「いやーぁ、びっくりしたなぁー、あの調子ではこれからも時々入って来るんじゃないかなぁ。」

「そんな気がするね。」

若者の期待もむなしく、その後白いおばさんが割り込んで風呂に入りに来たというううわさ話は聞いたことがなかった。あれは、あの日限りの特別出演だったのだろうか。

55　外部電話開通のぬか喜び

土木工事の特徴は現場一品生産である。事務所内の机の前で計算したり、段取りを考えたり、注文したりすることはあっても、最終の成果品は野外の現場である。だから、昼間は外にいることが大部分だ。当然のことながら夏は暑く冬は寒い。雨の日もあれば風邪の日もある。現場と事務所が近ければ問題ないが、そううまくはいかない。そのために現場詰め所なるものが必要に応じて設けられる。掘っ立て小屋みたいなものである。監督員が詰めたり、雨露をしのいだり、測量機械などの用具を一時保管したり、その他緊急連絡などにも利用される。

この詰め所に初めて電話機が設置された。こういう電話は一般には社内だけに通じる、いわば内々の内線用の電話である。小島のお父（〝おとう〟と読む。話す時は〝おじさん〟ともいう）が、

「おい、忠さん、今度詰め所につけられた電話機は外部へも通じるらしいよ。」

「ええっ、本当かね。じゃー、ひとつ試してみるか。しばらく高岡の姉ちゃんにもご無沙汰しているしなぁ。」

「どこの姉ちゃんだい。飲み屋かい？」

「いや、本物の姉ちゃんだよ。じゃあー、早速行って試してみよう。電話代だってばかにならないからなあー。」

お父は自分も確かめるといって付いて来た。道子姉は富山県の高岡というところで母方の従兄弟が開業している病院で看護婦をやっている。電話が通じた。なつかしい姉の声だ。

「はい、吉田医院です。」

「ああ、姉ちゃん、まめ（元気）なけ？今ね、道路工事の現場から電話するとるがやぜ。」

「ふうーん、珍しいねえ。何かあったがけね。」

「なあーん、何もなけんねども、電話代な、ただなもんやけね、ちょっとかけてみたが。なんかいいはなす（良い話）あるけ？」

「なあーも……。いいはなす（話）ちゃ、なけんねども、伯父さんな死なれたがいと。」

「ええっ、伯父さんが死んだって？そーお。もう八〇（歳）は過ぎとらっしゃったちゃね。」

そばにいた小島のお父も〝おじさん〟と聞いて自分が死んだかと思って（まさかとは思うが）びっくりしていた。

われわれ兄姉の間ではおじさんというのは戸籍上は父方、母方合わせて八人いるが〝おじさん〟といえば暗黙のうちに父（四男）の兄の兄（次男）を指していた。後年、伯父の足跡を夢中で調べることがこようとは、このときは思いもしなかった。（あとがき参照）

姉に電話をして数日経った。確か昼飯を食って事務所に戻る時であった。ドアを開けると入ってすぐに事務主任の机がある。机の上はきれいに何もない。いや、二つだけある。それは一枚のメモ用紙と、飛ばないようにそれを押さえつけている文鎮であった。メモは目立つように置かれ、なんと見たことがあるような数字が書かれていた。あれっと目を近づけて再確認すると、間違いなく姉の勤めるあの吉田医院の電話番号であった。

考えてみれば、電電公社が無料で電話を使わせるわけがない。きっと請求書が会社宛に来たのだろう。私用電話だから、私が払うのは当然だ。いずれ何か一言お説教を食らうのだろう、と覚悟をしていたが、なかなかお呼びがかからない。まさか、こちらから「机の上のこれ見よがしのメモを拝見いたしました。電話料はいくらでしたか」といまさら聞きに行くわけにもいかず、そのうちに机の上のメモ用紙もなくなってうやむやになってしまった。

あんな落とし穴みたいな電話など誰が使うか。まるでわなか囮《おとり》にかかったようなものである。われながら浅はかであった。今後気をつけなくっちゃ。疑心暗鬼だけが残った。

56　東海道新幹線試乗招待状

昭和三九年九月初め頃であった。「大島君！」と所長が呼んでいる。どうせいい話ではあるまい。転勤や昇給（減給も含む）の時期でもない。何だろう？

「国鉄から招待状が来ているよ。」「はあ？招待状ですか？」「そうだ。東海道新幹線の一〇月一日の開業を控えてその前にこれまで協力してくれた方々にお礼として新幹線に乗せてくれるらしい。地主、請負業者、警察、自治体などの関連機関などだ。どうだ、行ってくるかね。」

「はあ、もちろん是非ともお願いいたします。」

「そうか。実はねぇー、招待状は三枚しかないんだよ。なるべく多くの人に行かせたいのはやまやまだが……。君と小倉君は実際に新幹線工事をやってきたから問題はないけどね。」

「じゃー、赤羽さんとか小島さんとかはどうですか？」

「いやー、やはり土木屋さんの方がいいと思うが……。小林君はどうかな？」

「設楽さんとの兼ね合いが難しそうですね。」

同年代で同時入社、会社への貢献度もどっこいどっこいだ。所長となるとこんなことにもまた頭を悩ますのだ。

「うーん、もう一枚あればなあー。俺もそれが気になるんだよなー。」

「まあ、なんか問題やうわさがたったときは大島に相談してそうなったことにしましょう。」

いよいよ試乗の招待日（九月一一日）がやってきた。はなはだ残念ながら、三人で出かけた行き帰りの、途中の記憶がどういうわけか全く残っていないのである。

当日の記念乗車券と記念写真はある。名古屋～豊橋間の往復であった。さすがに速いという印象であった。当時名鉄特急では名古屋～豊橋間はちょうど一時間であった。それがたったの四〇分で、まさにあっという間の時間であった（写真56－③・56－④）。

ガタンゴトンという継ぎ手ではなくロングレールが使用されているので、乗り心地も上々である。

昭和三四年四月に着工された東海道新幹線はついに完成した。

工事の苦労をした区間も回顧する暇もあらばこそ一瞬のうちに記憶を切り替えなくては

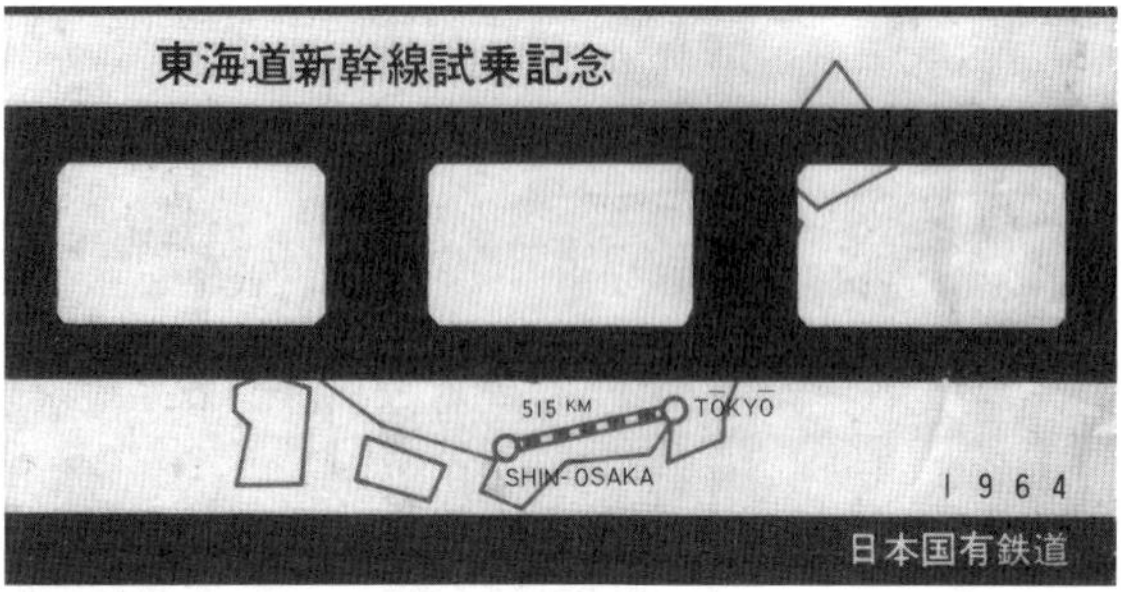

写真 56-① 東海道新幹線試乗記念の切符。小生が乗った本物ですぞ。 昭和 39 年 9 月 11 日試乗

(裏)	所要面積	1,189 万m² (羽田空港の約 3 倍)
	ずい道	67 箇所・延長 68KM 1 番長いずい道・新丹那ずい道 7,959M
	橋りょう	3,458 衝所・延長 171KM 1 番長い橋りょう・富士川橋りょう 1,371M
	盛土量	約 2,900 万m³ (新丸ピルの約 110 倍)
	綱材	約 36 万トン(東京タワー使用鉄材の約 100 倍)
	コンクリート	約 400 万m³ (新丸ピルの約 16 倍)

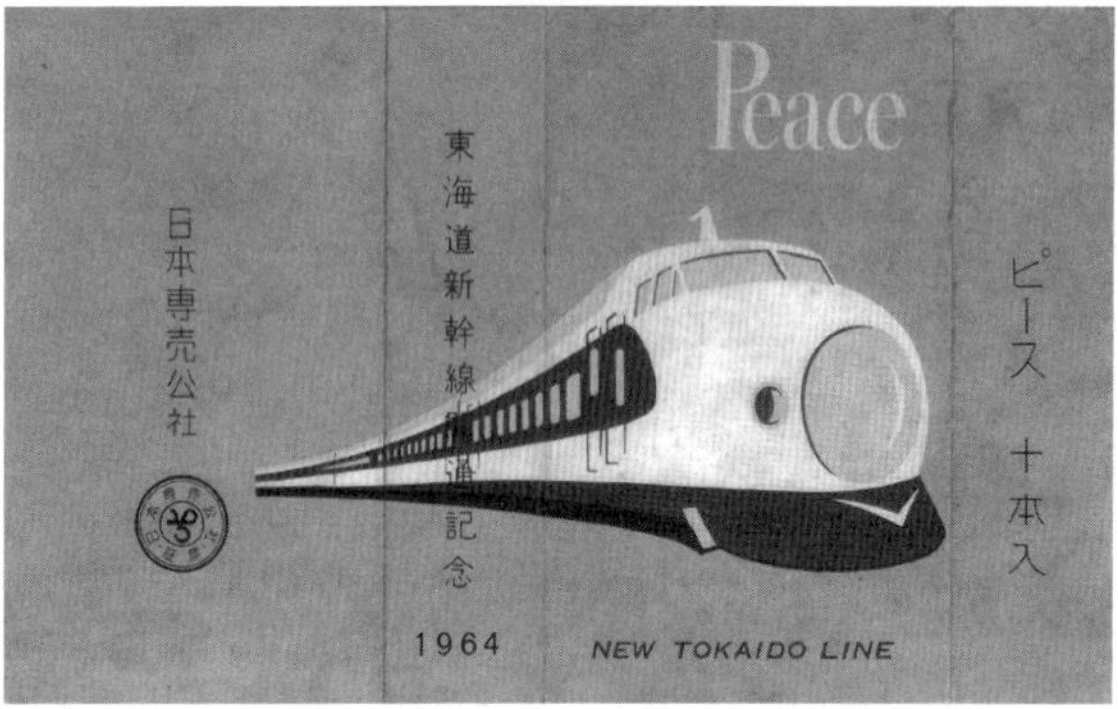

写真 56-② 日本専売公社の煙草「ピース」の箱の東海道新幹線開通記念のデザイン。1964

写真 56-③　初代新幹線「０系」の車両脇で。若き日の筆者
昭和 39 年９月 11 日

写真 56-④　新幹線の車内にて。外見は、出張というよりは
休日デートにという感じ

ならない。あの忌まわしいアバット（橋台）の橋も丁張《ちょうはり》（場所・高さ等の目印）を間違えた電柱も一瞬のうちに通り過ぎたようだ。

昭和三三年一一月に、並行在来線である東海道線にビジネス特急「こだま」号が登場し、東京〜大阪間を六時間五〇分かけて走っていたが、いよいよ、四時間からさらに一年半後には三時間一〇分で結ばれる夢のような時代がやってきていたのだ。

明治以来多くの人が心血を注いできた鉄道がついに完成したのである。それらの歴史はそれぞれの専門書、公文書、工事誌などを参照されたい。

57　お父が事故に遭遇

娯楽室でひさびさに麻雀をやっていた。この現場は人の人数の割には麻雀人口が少ない。所長がやらないせいもあるようだ。四人集めるのも楽ではない。しばらくして外でにぎやかな声が聞こえてきた。大分酒が入っているみたいだ。

「どうもあの声はお父と小林さんみたいだね。」「そうだね。」と話しているところにガラッと戸が開いて、ついに酔っ払いどもが乱入してきた。二人とも麻雀はやるのだが、惜しいことに酒と比較すると断然酒の方に軍配が上がる。しばらく皆の後ろであれを捨てろとか、なけとか、りーちだとかさんざん岡目八目をほざいた。やっと邪魔もの扱いされていることに気付いたか、これから一の宮へ飲みに行こうなどと言って出かけていった。

「飲み過ぎないように、車に気をつけて。」とそこそこに見送った。二人で出かけたのか、お父だけ出かけたのか記憶がない。

当時は岩倉と東一ノ宮との間に名鉄東一ノ宮線というのが走っていた。当社の事務所はこの路線沿いの元小山という確か無人駅のまん前にあった。

「あぁー、酔っ払いはうるさいね。やっと静かになったわい。これで落ち着いてやれるわい。」と皆ホッとして麻雀の続きを始めた。束の間の静寂であった。

「樋口さん、電話です。警察みたいです。」と誰かが呼びにきた。電話のためしばらく席をはずしていた樋口さんが戻ってきた。

「たいへんだ。お父が車にぶつかったらしい。○○病院に入院したらしい。」

「そりゃぁーたいへんだ。けっこう飲んでたようだったからなあ。」

もう麻雀どころではない。パイを放ったからして、車を呼んで病院に駆けつけた。

病院の玄関を入るとちょうどお父が緊急治療室から出て病室に向かうところだった。良かった。意識がしっかりしている。私の顔を見るや「おお、忠《ちゅう》さんよくきてくれたなあ。心配かけてすまん。」と泣き顔である。

看護婦が興奮しているお父に「大丈夫ですよ。」と励ましている。

「今晩はゆっくり寝て、明日また来るよ。仕事の心配は要らないよ。」

あやしいもんだが、ひととおり必要そうな言葉をつらねてかえった。

翌日お父の奥さんが、はるばる茨城の龍ヶ崎からやってきた。きっと驚いてとるものもとりあえずという状態だったに違いない。よく一人でここまで来れたものである。

「お父、こんな時にこそゆっくり奥様孝行をして、休んでくれ。酒は程々にしてな。」

お父は、交差点で横断歩道をふらふら歩いていて車にぶつかったらしい。倒れた時に打ち所が悪く鼻がひん曲がってしまったようだ。一目見ただけでもゆがんでいる。

五日ぐらいでお父は退院してきた。

「お父、後遺症もなくてよかったなあ。」

「いやぁー、鼻が曲がってしまってね。」

「そんなもの、いまさらたいしたことはないよ。」

鼻の穴が上向きなら一八〇度、横向きなら九〇度とすれば、約二二・五度から三〇度ぐらいゆがんでいる。

「このままでは煙草の煙がゆがんでしまうなぁ。」

「心配は要らないよ。どうしてもまっすぐ下向きに煙を吐き出したいなら、首の方を傾げればいい。」

「ああ、そうか。さすがに学問を修めた人は違うね。何ごとも論理的だね。」

58 雄琴《おごと》温泉所内旅行

厚生行事の一環である所内旅行が決まった。昭和三九年一一月二九日(土)〜三〇日(日)の一泊二日である。参加者は遠藤所長以下二一名である。バスを仕立てていざ出発！

初日は彦根城である。井伊直政が関ヶ原の戦功により与えられた佐和山城を後に彦根山に築いたとか。宿泊は琵琶湖畔の雄琴温泉の「国華荘」と言うところだ。完成したばかりの琵琶湖大橋が遠望できる。

翌日は清水寺、平安神宮、銀閣寺など京都市内の名所を回る。中学生のときの関西修学旅行以来の見学で懐かしい気がした。あの頃は一生にいっぺんの経験になるかなと思っていたものだ。

最後に琵琶湖大橋を訪れた。土木屋の集団らしく橋を背景に全員写真を撮る。

ところで、「国華荘」では、前夜の宴会の席で話に聞いてはいたが、はじめてオカマさんという人にお会いした。当時は未だオカマさんの社会的地位は今日のようには確立されていなかった。数人の芸者を呼んだがそのなかにいやに首が太くて、体格の良い人がい

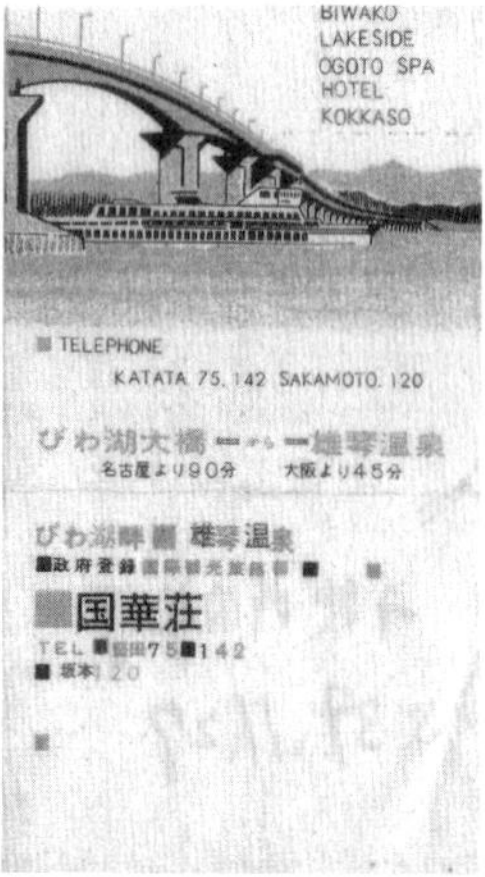

写真 58-①　社内旅行で宿泊した琵琶湖畔「国華荘」のマッチのデザイン。昭和 39 年 11 月 29 日泊

写真 58-②　社内旅行にて。琵琶湖大橋を背景に集合写真。昭和 39 年 11 月 30 日

た。そのうちにあれは男じゃないのかという声があがり、皆興味津々《しんしん》であった。頃はよしと思ったかどうか知らないが、件の芸者が舞台に上がり、二の腕をまくり、次郎長かだれかのやくざの芝居を始めた。「やっぱりかぁ。」という声が上がる。終わったあとは拍手喝さいであった。そばに呼んで来てもらった。

「あなたのような仕事をしている人はたくさんいますか。」

「ええ、これからはだんだん増えると思います」と腰の周りに手をやっていたがやがて一本の鍵を取り出した。

「これは何の鍵か分かりますか。」

「いや。あんたのアパートの鍵じゃないの。」

「ううん、もうちょっと権威があるの。」

「権威?」

彼女いや彼の説明によれば、その鍵はオリンピック選手村の特別のキーだという。オリンピックの選手ばかりでなく、役員、監督、コーチなど、とにかく外国のかたがたからお呼びがかかったときに、日本文化のいったんを紹介するという重要な役目を担っている。そのために日本舞踊ばかりでなくダンスから、琴や三味線、太鼓などの楽器などいろんな歌舞演芸を身に付けたといい、このような要職に選ばれたことが私の誇りであると盛んに強調していた。

「はぁー、そういうもんですか。」

当時の若い私には、いまひとつピーンとこなかったようだ。

59　社長・支店長のご来所

今日は昭和三九年三月のある日である。事務所内は朝早くからあわただしい。本社から社長ご一行が名古屋支店にご来店になり、支店長ご一行と合流して、わが千秋作業所の現場を視察されるそうである。そういえば最近フランスからベノトとかいう最新鋭の掘削機械を購入したので、そのデモンストレーションも兼ねているらしい。先日その勇姿が現場のもっとも目に付くところに運び入れられたところだ（写真59－①）。

なお、ベノト工法というのは場所打ちコンクリート杭工法のひとつで八〇〇～二〇〇〇ミリメートルの大口径で、深さ四〇メートルぐらいまで可能である。自走式なので、機械の据付けや芯出しが容易であり、掘削効率に優れた工法である。

後のジャンボジェット機かと思うような巨大なベネト機を背景に佐野卓社長、原三郎支店長そして遠藤十三郎所長以下全職員が整列して記念写真を撮る（写真59－②）。

記念写真の撮影が終わった。現地解散で社長、支店長はそのまま乗ってきた専用車で帰った。

写真 59-①　現場に運び入れられた巨大なベノト掘削機　昭和 39 年 5 月

写真 59-②　ベノト掘削機を背景に全員総勢 22 名の記念写真。前列中央が社長、その右が支店長、左が所長。昭和 39 年 4 月

ベノトの工事現場から小倉さんと話しながら事務所の方へ戻る。ふたりとも社長や支店長にじかに会うことはめったにない。わたしは入社式以来初めてだ。小倉さんも年齢は私と同じだが中途採用なので会った記憶がないらしい。

「どっちが社長でどっちが支店長だっけ。」

「背が高くて鼻も高くて垢抜けして格好よくダンディで、見るからにもてもての伊達男という感じの人が支店長だよ。」

「そうか。ベノトを売りにきたフランス人みたいな感じだったな。まさに外人離れした風貌だね。」

「それを言うなら日本人離れだよ。」

あとがき

私（僕）が物心がついた頃、僕の父（父ちゃん）は魚津駅（北陸本線）に勤めていた。助役だったそうだ。僕の家は、隣の伯父さん（父の兄）の家とともに北陸街道に面していた。駅までは大人なら歩いて五分の職住近接である。

時々夜勤があった。その時は夕方になると、母ちゃんは父ちゃんの弁当を作り始める。今でいう愛妻弁当である。弁当ができあがると、僕はそれを抱えて父ちゃんの働いている停車場に届けるのだ。

「初めてのお使い」というテレビ番組を見ると、あの頃の自分や、その後まもなく突然に亡くなった父ちゃんを思い出してしまうのである。

「なら、気いつけて行って来られ。」いつもの母ちゃんの声を背にして出かける。背戸《せど》を抜けて小さな川をまたぐ橋を渡って停車場道に出る。両側は田圃だ。しばらく歩いてななめ左に曲がる。小川沿いの田圃道をいくと、やがて祖父・大島忠次が奉納した釈迦堂の宮がある（この宮の正面を入ったところに馬の絵と並んで、釈迦堂新村の「由緒」の額が奉納されている。この由緒の逐語訳が李家正文氏によって解読されている)。さてこの宮の鳥居とこま犬を脇に見て釈迦堂の部落に入る。うっそうとした薄暗い森や林が続く。このへんは文字通りいや情景通り〝森内〟という苗字の家、と大島が多い(現在の魚津市庁舎付近である)。そこを抜けるとパーッと前方が開ける。駅前広場である。

「父ちゃん、弁当持ってきたよ。」

駅の待合室から窓越しに叫ぶと

「やあー、有難う。」と言って父ちゃんは、銭湯のロッカーみたいなところのドアを開けて中にあったりんごを取り出してくれる。

「有難う。ちょっと汽車を見ていくよ。」

何というのか知らないが、待合室からホームに出るとき改札口を通るのであるが、そこにある木製の開き戸というか回転扉みたいなところの桟に足を乗せて回って遊ぶのである。やがて汽車がやってくる。父ちゃんがホームに出て左手を上げる。ホームに入ってくる汽車の機関手からタブレットというやつを受け取るのだ。この受け取る瞬間がまた恰好いいんだ。だから、これを見たら満足して家に帰るのである。

父ちゃんとの交流は極めて少ない。戦争が激しくなったときは、空襲警戒警報のサイレ

写真-㋑　北陸本線魚津駅　左端が父・大島忠夫助役

ンがなるたびに、父ちゃんは真っ先に駅に飛んでいった。鉄道は輸送機関の要であった。家族を守るどころではなかったのである。戦争が終わって、間もなく定年になって、魚津図書館長になる予定のところで父ちゃんは突然腸チフスであっけなく他界してしまった。七人家族で五人が感染した。僕が小学二年生のときだった（写真－㋑）。

私には母方を含めると7人のおじさんがいる。しかし、わが家でおじさんといえば父（四男）の兄（次男）である忠康のことである。伯父さんも鉄道マンである。

大正三年、鉄道省に就職、北海道、東京、仙台鉄道管理局に勤務した。大正一三年、仙台の長町駅での列車転覆事故は伯父にとって不運で

写真-㋺　樺太鐵道事務所　豊原市　現ユジノサハリンスク市（ロシア）

あった。その列車に政友会総裁高橋是清（後に二・二六事件で暗殺される）が乗っていたのである。事故か事件か。誹謗と中傷が飛び交い、伯父は責任を取り辞任し、代々木初台に閑居した。伯父は著書『不遇を健歩して』（昭和一五年）のなかで、あれは絶対に事故であったと述べている。

昭和二年復活発令が出て札幌鉄道管理局に勤務、小樽駅長を勤めたあと、昭和五年七月樺太庁鉄道事務所長を拝命した。日本の領土として樺太が最も活気のある時代を鉄道のトップとして昭和一二年四月まで七年間の長きにわたり勤めた。伯父の人生の最も華やかな時代であった（写真-㋺）。

就任早々組織の改編、業務運営の効率化を図った。新線の建設、着工と開通も次々と実施され、樺太の官設鉄道は総延長で実に六九七・八キロ

写真-ⓗ　右，懸忍閣下（樺太館），左と下，大島忠康とその揮毫「鐵路一貫」。『樺太全島鉄道写真帖』（昭和6年10月発刊）の復刻版より

メートルにも達していた。樺太の開拓と施政に生涯を捧げた伯父の樺太鉄道は昭和二〇年八月の終戦とともに島もろともにむざむざとソ連に奪われることになってしまったのである。

伯父は在任早々の昭和六年十月に『樺太全島鉄道写真帖』と『樺太鉄道資料集』を発刊している。これは平成に入ってから当時の東日本旅客鉄道社長・松田昌士氏がロシアを訪れた際に元サハリン州鉄道局長アナトリー・ワシリーエフ氏から贈られたそうだ。現物は最初の三分の一ぐらいがちぎれて無かったらしい。松田氏はこのことを「線路は続くよサハリンへ」と題して当時の日経新聞に紹介された（平成六年三月）。なんと完成品を持っているという人が現れ復刻されることになった。そして、数少ない復刻版の一冊を松田氏からじきじきにいただいた。約八〇年も前の伯父の業績の一端がよみがえったことにあらためて感謝する次第である（写真－㈧）。

【読者のなかに昭和の初めに樺太鉄道に勤めていたお父さん、おじいさん、あるいはひいおじいさんや親類の方々で駅ごとの全員写真を欲しい方にコピー一枚ですがお送りします。住所・氏名入り、八〇円切手を貼った返信用封筒、当人の名前、勤務していた駅の名前、出来れば時期を書いてこの本の出版社あてにお送りください。】

伯父はその後内地では『半生記』や『郷土青年に与ふ』などを出版したり、昭和一五年十月からは田舎の魚津町長をやったりしていたが、昭和一七年四月突然に樺太の豊原市長に任命された。高橋弥太郎前市長が病気で倒れたのである。当時は選挙ではなく国からの命令であった。伯父にとっては渡樺は二度目のご奉公であるが、戦争の行方を見るにあまり気乗りがしなかったと思われる。

案の定戦争に負けて樺太豊原はソ連軍に占領され、市長の伯父は傀儡政権の片棒どころか両棒を担がされたのである。このとき伯父が書き溜めていたソ連軍占領の手記が平成二年亡くなった伯母の行李の奥から発見された。

写真-㈡　魚津高等学校野球部　昭和27年6月　後列右から2人目が大島忠康顧問，2人おいて大柄な人物が宮武三郎氏，2人おいて宮武英男監督

この詳細についてはソ連軍の豊原市占領の手記と題して『樺太回想録』（太田勝三著　文芸社平成一三年）に収録されているので興味のあるかたはご覧いただきたい。

戦後ようやく生きて帰れた伯父は五年間ぐらい田舎の魚津に住んで片手間に弁護士などをやったり、母校魚津高校の野球部の顧問などをやっていた。野球は若い頃から金沢四高、東大と朋友だった正力松太郎と張り合うぐらいに相当に好きだったらしく仙台時代は仙鉄というチームを率いていたらしい。

顧問のとき、そのむかし六大学野球の名投手でならした慶応大学OBの宮武三郎氏を招いている。当時の高校の野球部員、新制魚津市の地元名士が集まった記念写真が残っている（写真

写真-㋭　左・板東英二（徳島商業）、右・村椿輝雄（魚津高校）の両選手　蜃気楼旋風五十周年記念誌　富山県立魚津高等学校　野球部OB会　2008年8月発行

－㊁・昭和二七年六月）。監督の名前も偶然に宮武（英男）である。

それから六年後の昭和三三年夏、宮武監督は強力なチームを作り上げ魚津高校は念願の甲子園に初出場し蜃気楼旋風を巻き起こした。当時私は青森県の八戸市の鮫町というところにいて応援していたものだ。準々決勝で運命の徳島商業と対戦し、延長一八回零対零のまま両投手譲らず、引き分け、翌日再試合となった。連投の村椿投手に代わって第二投手森内君が登板した。彼は近所のがき友達であった。余談であるが、旧北陸街道沿いの彼の家の脇に、由来は知らないが、通称〝どうざんの松〟と言っていた特別高い世界一と思われる松の巨樹があった。まさに天にそびえる高さであった。今の東京スカイツリーみたいな感じであった。しかし惜しいことに昭和四〇年代初め頃の土地区画整理事業で伐り倒され、跡形もなくなってしまった……。ところで試合の方は善戦及ばず三対一で惜敗した。相手投手は連投だ。まるで疲れを知らぬ化け物のようだった。ゆで卵が好きらしい。板東英二といって、今もまだテレビのタレントとして活躍している（写真－ホ）。

当時伯父は東京の世田谷に住んでいた。きっと、プロ野球の国鉄スワローズと甲子園での母校の活躍を応援していたに違いない。

最後に、本書の出版にあたり、多くのご支援とご協力をいただいた信山社出版株式会社の今井貴氏、稲葉文子氏、その他多くのかつての諸先輩、同僚の方々に厚く御礼申しあげます。

参考文献（敬称略）

『日本の鉄道をつくった人たち』　小池滋・青木栄一・和久田康雄（悠書館）
『鉄道の基礎知識』　所沢秀樹著（創元社）
『線路を楽しむ鉄道学』　今尾恵介（講談社現代新書）
『新幹線のしくみ』　新星出版社編集部
『日本全国「鉄道」の謎』　インフォペディア編集（光文社知恵の森文庫）
『新幹線と日本の半世紀』　近藤正高（交通新聞社新書）
『土木施工』　NO14　北原正一・兵頭俊郎（山海堂）
『土木学会誌』　昭和62年7月号　土木学会
『数学入門（下）』　遠山啓（岩波新書）
『日本国土開発株式会社　30年史』
『樺太回想録』　太田勝三（文芸社）
『旧日本領の鉄道　100年の軌跡』　小牟田哲彦監修（講談社）
『ニッポン鉄道遺産』　斉木実・米屋浩二（交通新聞社新書）
『新幹線をつくった男』　高橋団吉（PHP文庫）

大島忠剛（おおしま・ただよし）

著者略歴

昭和 12 年　富山県下新川郡道下村（現在の魚津市）釈迦堂生まれ
昭和 31 年　魚津高等学校（第 8 回卒）
昭和 35 年　東北大学工学部土木工学科卒，日本国土開発株式会社入社
昭和 40 年　同社退社。文部教官助手（東北大学工学部土木工学科）昭和 42 年同職退職
昭和 42 年　日本住宅公団（現在の都市再生機構）入社。この間，地域振興整備公団筑波新都市開発株式会社，多摩都市モノレール株式会社出向
平成 5 年　同公団退社。株式会社オリエンタルコンサルタンツ入社，平成 15 年同社退社
平成 17 年　株式会社国際開発アソシエイツ契約　タイ国在住，平成 20 年同社解約

著　書

『トーキングオブザ公衆トイレ』　環境新聞社，平成元年
『ポンプ随想 ―井戸および地下水工学入門―』　信山社，平成 7 年
『樺太回想録』　㈱文芸社（一部寄稿），平成 13 年
『写真集　手押しポンプ探訪録』　信山社，平成 18 年

東海道新幹線路盤工
◇あれから 50 年◇

2012（平成24）年7月11日　第1版第1刷発行

著　者　大島忠剛
発行者　今井貴
　　　　稲葉文子
発行所　㈱信山社
〒113-0033　東京都文京区本郷6-2-9-102
電話　03(3818)1019
FAX　03(3818)0344
Printed in Japan

印刷・製本／ワイズ書籍・渋谷文泉閣

ISBN978-4-88261-984-0　C3231